Java程序开发
案例教程

主　编◎李运良

副主编◎车云月　彭　航

清华大学出版社

北　京

内 容 简 介

本书从初学者角度出发，通过通俗易懂的语言、丰富多彩的实战型案例，详细介绍了使用 Java 语言进行程序开发需要掌握的知识。全书共分为 11 章，包括 Java 程序设计概述、Java 基本的程序设计结构、面向对象、抽象类和接口、异常的捕获及处理、Java 集合框架、常用类库、I/O 流与文件、Java 多线程编程、Java 网络编程、Java 数据库编程等。读者可以跟随本书的讲解，边学习边上机实操，开发出一些中小型应用程序。

本书主要面向普通高等职业院校学生使用，可作为电子商务、大数据技术、人工智能技术、计算机应用技术等专业的教学用书，也可作为相关领域的培训教材和企业开发人员的参考用书。

图书在版编目（CIP）数据

Java 程序开发案例教程 / 李运良主编. —北京：清华大学出版社，2021.12
ISBN 978-7-302-59787-2

Ⅰ．①J… Ⅱ．①李… Ⅲ．①JAVA 语言—程序设计 Ⅳ．①TP312.8

中国版本图书馆 CIP 数据核字（2021）第 279679 号

责任编辑：邓 艳
封面设计：刘 超
版式设计：文森时代
责任校对：马军令
责任印制：沈 露

出版发行：清华大学出版社
     网 址：http://www.tup.com.cn，http://www.wqbook.com
     地 址：北京清华大学学研大厦 A 座　　　　　　邮 编：100084
     社 总 机：010-62770175　　　　　　　　　　邮 购：010-62786544
     投稿与读者服务：010-62776969，c-service@tup.tsinghua.edu.cn
     质量反馈：010-62772015，zhiliang@tup.tsinghua.edu.cn
印 装 者：三河市龙大印装有限公司
经 销：全国新华书店
开 本：185mm×260mm　　　印 张：13.75　　　字 数：322 千字
版 次：2022 年 1 月第 1 版　　　印 次：2022 年 1 月第 1 次印刷
定 价：68.00 元

产品编号：094012-01

前　言

1995 年 5 月，Java 语言在 Internet 舞台一亮相便名声大噪。回顾过去二十多年的成果，编程语言排行榜中 Java 长期位居第一。Java 虚拟机优化线程的魔力、跨平台兼容性、Java 虚拟机、面向对象的思想以及简单易学等优点一直使 Java 在行业中充当霸主。

Java 的创始人之一 James Gosling 说："Java 不仅仅只是 applets（小应用程序），它能做任何事情。"事实也同样证明，全球有 25 亿 Java 器件运行着 Java，450 多万 Java 开发者活跃在地球的每个角落，数以千万计的 Web 用户每次上网都亲历 Java 的威力。近几年，我国新兴互联网行业发展迅速，各大传统行业也纷纷向互联网转型，但我国软件人才缺口极其严重，其中 Java 人才最为缺乏，对 Java 软件工程师的需求达到全部需求量的 60%～70%。

本书提倡实践能力培养与创新素质提升并重，突出实际应用。全书内容结构合理，知识点全面，讲解详细，内容由浅入深，循序渐进，重点难点突出；以初学者的角度详细讲解了 Java 开发中重点用到的多种技术。包括 Java 开发环境的搭建及其运行机制、基本语法、面向对象的思想，采用典型翔实的例子、通俗易懂的语言阐述面向对象中的抽象概念。在多线程、常用 API、集合、I/O 流与文件、多线程编程、网络编程、Java 数据库编程章节中，通过剖析案例、分析代码结构含义、解决常见问题等方式，帮助初学者培养良好的编程习惯，通过扫描二维码来进一步扩充所学知识。本书是基于校企合作、培养创新应用型人才的系列教程之一，也是 Java 工程师和编程初学者的必备书。相信本书对于 Java 的学习者来说是个相当不错的选择。

本书由新迈尔（北京）科技有限公司大数据事业部总监李运良执笔编写，教材编写过程中得到了新迈尔（北京）科技有限公司领导和大数据事业部符洁、万乐城等一线老师的大力支持，在此表示衷心的感谢。部分课后习题来自网络佚名作者，在此一并感谢。

新迈尔（北京）科技有限公司坐落于北京市中关村软件园，是一家高新技术企业。公司依托中关村产业集聚的优势，协力职业进化，培养出众多电子商务、新媒体运营、UI 设计、VR、AI 人工智能、大数据等专业符合企业社会用人需求的适用人才。目前拥有在校学员 1.5 万人，其中实训学员 2000 人，是一家产教融合的发展中新兴企业。

由于编写时间紧、任务重，书中难免存在错误与疏漏，敬请广大读者和同仁多提宝贵意见和建议，以便再版时予以修正。

编　者

目　　录

第1章　Java 程序设计概述

本章简介

　　Java 是一门优秀的面向对象的编程语言，它的优点是与平台无关，可以实现"一次编写，到处运行"。Java 虚拟机（JVM）使得经过编译的 Java 代码能在任何系统上运行。本章主要介绍 Java 语言的特点、Java 开发环境的搭建和编写第一个 Java 程序等。在创新素质拓展部分，安排了"联合编译多个 Java 类"和"编写'Java 工程师管理系统'主界面"等开放型、设计型实验，培养学生创新素质。

学习任务工单

专业名称		所在班级		级　　班
课程名称	Java 程序设计概述			
工学项目	编辑、编译和运行第一个 Java 程序			
所属任务	Java 程序设计概述及 Java 开发环境搭建			
知识点	了解 Java 语言的关键特点、熟悉 Java 开发环境			
技能点	掌握编辑、编译和运行第一个 Java 程序			
操作标准				
评价标准	S	A	B	C	D
自我评价	级			
温习计划				
作业目标				

教学标准化清单

专业名称		所在班级		级　　班
课程名称	Java 程序设计	工学项目		编辑、编译和运行第一个 Java 程序
教学单元		练习单元		
教学内容	教学时长	练习内容		练习时长
Java 程序的工作原理	30 分钟	利用思维导图工具将本节所学的术语及编码方式进行整理		10 分钟
Java 语言的关键特点和 Java 开发环境搭建	60 分钟	利用思维导图工具将本节所学的术语及编码方式进行整理		15 分钟
编辑、编译和运行第一个 Java 程序	30 分钟	利用思维导图工具将本节所学的术语及编码方式进行整理		15 分钟

1.1　了解计算机语言的特点

1.1.1　计算机语言发展历程

计算机语言是指用于人与计算机之间通信的语言。为了使电子计算机完成各项工作，就需要有一套用于编写计算机程序的数字、字符和语法规则，由这些字符和语法规则组成的计算机的各种指令（或各种语句），就是计算机能接受的语言。计算机语言分为机器语言、汇编语言和高级语言。

1. 机器语言

机器语言是通常所说的第一代计算机语言。机器语言是由"0"和"1"组成的二进制数，是一串串由"0"和"1"组成的指令序列，可将这些指令序列交给计算机执行。相对于汇编语言和高级语言来说，机器语言的运行效率最高。

机器语言的缺点：机器语言很晦涩。程序员需要知道每个指令对应的"0"和"1"序列，靠记忆是一件不可能完成的工作。在程序运行过程中，如果出错需要修改，那更是难上加难。

2. 汇编语言

汇编语言是通常所说的第二代计算机语言。程序员使用机器语言编写程序是不现实的，其中一个原因就是要记住每个指令对应的"0"和"1"序列，为了让程序员从大量的记忆工作中解脱出来，人们进行了一种有益的改进，用一些简洁的、有一定含义的英文字符串来替代特定指令的"0"和"1"序列。例如，用"MOV"代表数据传递、"DEC"代表数据减法运算。这种变革对程序员而言，犹如人们从在绳子上打结计数发展到使用数字符号计数，极大地提高了工作效率。

汇编语言的缺点：汇编语言每一个指令只能对应实际操作过程中的一个很细微的动作，如移动、自增等，要实现一个相对复杂的功能就需要非常多的步骤，工作量仍然很大。

3. 高级语言

高级语言也是通常所说的第三代计算机语言。和汇编语言相比，高级语言将许多硬件相关的机器指令合并成完成具体任务的单条高级语言，与具体操作相关的细节（如寄存器、堆栈等）被透明化，不需要程序员了解。程序员只要会操作单条高级语句，不需要深入掌握操作系统级别的细节，也可以开发出程序。

目前，影响最大、使用最广泛的高级语言有 Java、C、C++、C#。另外，还有一些特殊类型的语言，包括智能化语言（LISP、Prolog、CLIPS 等）、动态语言（Python、PHP、Ruby 等）等。这里着重介绍 C 语言、C++语言和 C#语言。

1）C 语言

C 语言是一种计算机程序设计语言，它既具有高级语言的特点，又具有汇编语言的特点。1972 年由美国贝尔实验室推出。C 语言的一些重要特点如下。

C 语言（习惯上称为中级语言）把高级语言的基本结构和语句与低级语言的实用性结合起来，它可以像汇编语言一样对位、字节和地址进行操作。

C 语言使用指针可以直接进行靠近硬件的操作，对于程序员而言显得更加灵活，但同时也给程序带来了安全隐患。在构建 Java 语言时，就参考了 C 语言的诸多优势，但为了安全性考虑，取消了指针操作。

2）C++语言

C++语言是具有面向对象特性的 C 语言。

面向对象是一种对现实世界理解和抽象的方法，是计算机编程技术发展到一定阶段后的产物。当今，程序开发思想已经全面从面向过程（C 语言）分析、设计和编程发展到面向对象的模式。

通过面向对象的方式，将现实世界的事务抽象成类和对象，帮助程序员实现对现实世界的抽象与建模。通过面向对象的方法，采用更利于人理解的方式对复杂系统进行分析、设计与编程。

3）C#语言

C#是一种面向对象的、运行于.NET Framework 之上的高级程序设计语言。C#与 Java 惊人地相似（单一继承、接口、编译成中间代码再运行），就如同 Java 和 C 在基本语法上类似一样。在语言层面，C#语言是微软公司.NET Windows 网络框架的主角。

1.1.2　Java 程序的工作原理

Java 虚拟机（Java virtual machine）简称 JVM，它不是一台真实的机器，而是想象中的机器，通过模拟真实机器来运行 Java 程序。

既然是模拟出来的机器，Java 虚拟机看起来同样有硬件，如处理器、堆栈、寄存器等，还具有相应的指令系统。

Java 程序运行在这个抽象的 Java 虚拟机上，它是 Java 程序的运行环境，也是 Java 最具吸引力的特性之一。

前面提到过，Java 语言的一个重要特点就是目标代码级的平台无关性，接下来将从原理上进一步说明为什么 Java 语言具有这样的平台无关性。实现 Java "一次编译，到处运行"的关键就是使用了 Java 虚拟机。

例如，使用 C 语言开发一个类似计算器的软件，如果想要这个软件在 Windows 平台运行，则需要在 Windows 平台下编译成目标代码，这个计算器的目标代码只能在 Windows 平台上运行。而如果想让这个计算器软件在 Linux 平台上运行，则必须在对应的平台下编译，产生针对该平台的目标代码后才可以运行。

对于 Java 而言则完全不同。用 Java 编写的计算器程序（.java 后缀）经过编译器编译成字节码文件，这个字节码文件不是针对具体平台的，而是针对抽象的 Java 虚拟机的，在 Java 虚拟机上运行。而在不同的平台上会安装不同的 Java 虚拟机，这些不同的 Java 虚拟机屏蔽了各个不同平台的差异，从而使 Java 程序（字节码文件）具有平台无关性。也就是说，Java 虚拟机在执行字节码时，把字节码解释成具体平台上的机器指令执行。具体原理如图 1.1 所示。

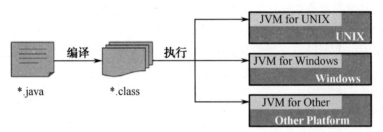

图 1.1　Java 虚拟机

在理解了 Java 虚拟机的基础上，接下来介绍 Java 程序工作原理。如图 1.2 所示，Java 字节码文件先后经过 JVM 的类装载器、字节码校验器和解释器，最终在操作系统平台上运行。具体各部分的主要功能描述如下。

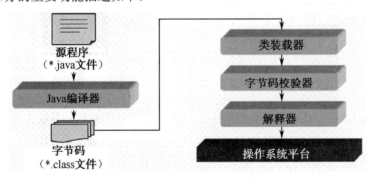

图 1.2　Java 程序工作原理

（1）类装载器。其主要功能是为执行程序寻找和装载所需要的类，就是把字节码文件装到 Java 虚拟机中。

（2）字节码校验器。其功能是对字节码文件进行校验，保证代码的安全性。字节码校验器负责测试代码段格式并进行规则检查，检查伪造指针、违反对象访问权限或试图改变对象类型的非法代码。

（3）解释器。具体的平台并不能识别字节码文件，需要利用解释器将字节码文件翻译成所在平台能识别的东西。

1.1.3　Java 语言的关键特点

Sun 公司在"Java 白皮书"中对 Java 的定义是"Java: A simple, Object-oriented, distributed, robust, secure, architecture-neutral, portable, High-performance, multi-threaded, and dynamic language"。按照这个定义，Java 是一种具有"简单、面向对象、分布式、解释型、健壮、安全、与体系结构无关、可移植、高性能、多线程和动态执行"等特性的语言。下面简要介绍 Java 的这些特性。

1．简单性

Java 语言的语法与 C 和 C++语言很接近，便于大多数程序员学习和使用。另外，Java 丢弃了 C++中那些很少使用、很难理解、令人迷惑的特性，如操作符重载、多继承、自动的强制类型转换。特别是 Java 语言不使用指针并提供了自动的废料收集，使得程序员不必为内存管理而担忧。

2．面向对象

Java 语言提供类、接口和继承等原语，为了简单起见，它只支持类之间的单继承，但支持接口之间的多继承以及类与接口之间的实现机制（关键字为 implements）。Java 语言全面支持动态绑定，而 C++语言只对虚函数使用动态绑定。Java 语言不支持类似 C 语言那样的面向过程的程序设计技术，所以，Java 语言是一种纯面向对象的程序设计语言。

3．分布式

Java 语言支持 Internet 应用的开发，在基本的 Java 应用编程接口中有一个网络应用编程接口 Java.net，它提供了用于网络应用编程的类库，包括 URL、URLConnection、Socket、ServerSocket 等。Java 的 RMI（远程方法激活）机制也是开发分布式应用的重要手段。

4．解释型

Java 解释器直接对 Java 字节码进行解释执行。字节码本身携带了许多编译时的信息，使得连接过程更加简单。Java 程序可以在提供 Java 语言解释器和实时运行系统的任意环境上运行。

5．健壮性（鲁棒性）

Java 语言在编译和运行程序时，都要对可能出现的问题进行检查，以避免产生错误。Java 采用面向对象的异常（例外）处理机制、强类型机制、自动垃圾回收机制等，使 Java

更具健壮性。

6．安全性

Java 是在网络环境中使用的编程语言，必须考虑安全性问题，主要有以下两个方面。

1）设计的安全防范

Java 语言没有指针，避免程序因为指针使用不当而访问不应该访问的内存空间；提供数组元素下标检测机制，禁止程序越界访问内存；提供内存自动回收机制，避免程序遗漏或重复释放内存。

2）运行安全检查

为了防止字节码程序可能被非法改动，解释执行前，Java 先对字节码程序做检查，防止网络"黑客"对字节码程序恶意改动造成系统破坏。

7．与体系结构无关

用 Java 解释器生成的与体系结构无关的字节码指令，只要安装了 Java 运行环境，Java 程序就可以在任意的处理器上运行。Java 虚拟机（JVM）能够识别这些字节码指令，Java 解释器得到字节码后，对它进行转换，使之在不同的平台上运行，实现了"一次书写，到处运行"。

8．可移植性

与平台无关的特性使 Java 程序不必重新编译就可以移植到网络的不同机器上，同时，Java 的类库中也实现了与不同平台的接口，使这些类库可以移植。另外，Java 中的原始数据类型存储方法是固定的，避免了移植时可能产生的问题。

9．高性能

Java 字节码的设计使之能很容易地直接转换成对应于特定 CPU（central processing unit，中央处理器）的机器码，从而得到较高的性能。随着 JIT（just-in-time，准时生产）编译器技术的发展，Java 的运行速度越来越接近于 C++。

10．多线程

在 Java 语言中，线程是一种特殊的对象，它必须由 Thread 类或其子（孙）类来创建。创建线程的方法通常有以下两种。

（1）使用 Thread（Runnable）构造方法将一个实现了 Runnable 接口的对象包装成一个线程。

（2）从 Thread 类派生出子类并重写 run 方法，使用该子类创建的对象即为线程。

 注意：Thread 类已经实现了 Runnable 接口，因此任何一个线程均有它的 run 方法，而 run 方法中包含了线程所要运行的代码。线程的活动由一组方法来控制。Java 语言支持多个线程同时执行，并提供多线程之间的同步机制（关键字为 synchronized）。

11．动态执行

Java 语言的设计目标之一是适应动态变化的环境。Java 程序的基本组成单元是类（程序员编制的类或类库中的类），而类又是运行时动态加载的，这就使得 Java 可以在分布式环境中动态地维护程序及类库。

1.2　熟悉 Java 开发环境

1.2.1　下载、安装 JDK

使用 Java 语言编程前，必须拥有 Java 的开发和运行环境，然后利用文本编辑工具编写 Java 源代码，再使用 Java 编译程序对源代码进行编译，之后就可以运行了。

1．下载 JDK

Java SDK（Java software development kit）是由 Sun 公司所推出的 Java 开发工具。Java SDK 从 1.2 版本开始，针对不同的应用领域分为 3 个不同的平台，即 Java SE、Java EE 和 Java ME，分别是 Java 标准版（Java standard edition）、Java 企业版（Java enterprise edition）和 Java 微型版（Java micro edition）。

Oracle 官网上可以下载 JDK，JDK 是一个 Java 应用程序的开发环境。它由两部分组成：下层是处于操作系统层之上的运行环境；上层由编译工具、调试工具和运行 Java 应用程序所需的工具组成。

（1）JDK 主要包含以下基本工具（仅列举部分常用的工具）。

❑　javac：编译器，将源程序转成字节码文件。

❑　java：执行器，运行编译后的字节码文件。

❑　javadoc：文档生成器，从源码注释中自动产生 Java 文档。

❑　jar：打包工具，将相关的类文件打包成一个文件。

（2）JDK 包含以下常用类库。

❑　java.lang：系统基础类库，其中包括字符串类 String 等。

❑　java.io：输入输出类库，进行文件读写需要用到。

❑　java.net：网络相关类库，进行网络通信会用到其中的类。

❑　java.util：系统辅助类库，编程中经常用到的集合属于这个类库。

❑　java.sql：数据库操作类库，连接数据库、执行 SQL 语句、返回结果集需要用到该类库。

❑　javax.servlet：JSP、Servlet 等使用到的类库，是 Java 后台技术的核心类库。

2．安装 JDK

此处以安装 jdk-9_windows-x64_bin.exe 为例介绍 JDK 的安装。

双击下载的安装文件 jdk-9_windows-x64_bin.exe，打开如图 1.3 所示的安装向导界面，单击"下一步"按钮，打开如图 1.4 所示的自定义安装界面。

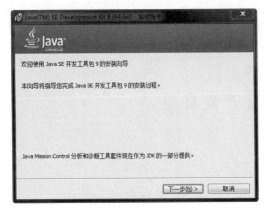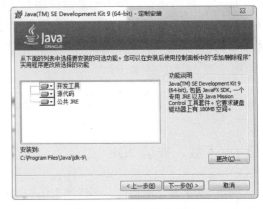

图 1.3　JDK 安装向导　　　　　　　　　　图 1.4　JDK 自定义安装

图 1.4 中显示了 JDK 安装时的有关内容。特别要注意 JDK 安装路径的选择，系统默认安装到 C:\Program Files\Java\jdk-9 文件夹中，为了便于后续章节程序编译，此处将安装路径改成便于操作的文件夹，单击"更改"按钮，输入"D:\JDK-9\"，单击"下一步"按钮后开始安装。

安装完成后出现 JRE（Java runtime environment，Java 运行环境）安装界面，如图 1.5 所示。单击"更改"按钮，在"文件夹名称"文本框中输入"D:\JDK-9\JRE"，单击"确定"按钮返回如图 1.5 所示界面，继续安装 JRE，安装完成后出现如图 1.6 所示界面。

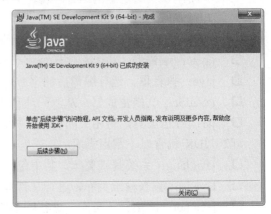

图 1.5　JRE 安装界面　　　　　　　　　　图 1.6　JDK 安装完成

在控制台下输入 java-version 命令，出现如图 1.7 所示的结果即表明 JDK 安装成功。

图 1.7　验证 JDK 安装是否成功

1.2.2　设置环境变量

　　JDK 安装完成后，还需要对 JDK 进行环境变量设置，主要包括 Path 和 CLASSPATH。
右击"我的电脑"图标，在弹出的快捷菜单中选择"属性"命令，打开"系统属性"对话框，选择"高级"选项卡，如图 1.8 所示。

　　单击"环境变量"按钮，打开"环境变量"对话框，在"系统变量"列表中找到 Path 变量，单击"编辑"按钮，打开"编辑系统变量"对话框，如图 1.9 所示。在"变量值"文本框中对 Path 的变量值进行编辑或修改，建议在原来的变量值后加上"D:\JDK-9\BIN"，然后单击"确定"按钮。

图 1.8　"系统属性"对话框的"高级"选项卡　　　　图 1.9　设置 Path 变量

　　同样，在"系统变量"列表中设置 CLASSPATH 变量。如果"环境变量"对话框的"系统变量"列表中没有 CLASSPATH 变量，单击"新建"按钮建立 CLASSPATH 变量，然后对其变量值进行编辑或修改，如图 1.10 所示。

图 1.10　设置 CLASSPATH 变量

1.2.3　测试环境变量

　　设置完成后，可以通过以下方式来验证是否安装或设置成功。在"开始"菜单中选择"运行"命令，在弹出的对话框中输入"cmd"，在打开窗口的命令行中输入"javac"，如果安装和设置成功，则会出现如图 1.11 所示的选项提示。

图 1.11　javac 选项提示

1.3　掌握第一个 Java 程序

1.3.1　Java 程序概述

Java 源文件以 java 为扩展名。源文件的基本组成部分是类（class），如本例中的 HelloWorld 类。

一个源文件中最多只能有一个 public 类，其他类的个数不限，如果源文件包含一个 public 类，则该源文件必须以 public 类名命名。

Java 程序的执行入口是 main()方法，它有固定的书写格式。

```
public static void main(String[] args){…}
```

Java 语言严格区分大小写。

Java 程序由一条条语句构成，每个语句以分号结束。

上文编写的这个程序的作用是向控制台输出"HelloWorld！"。程序虽然非常简单，但其包括了一个 Java 程序的基本组成部分。以后编写 Java 程序，都是在这个基本组成部分上增加内容。下面是编写 Java 程序基本步骤的介绍。

1. 编写程序结构

```
public class HelloWorld{
…
}
```

程序的基本组成部分是类，这里命名为 HelloWorld，因为前面有 public（公共的）修饰，所以程序源文件的名称必须和类名一致。类名后面有一对花括号，所有属于这个类的代码都写在这对花括号里面。

2．编写 main()方法

```
public static void main(String[] args){
…
}
```

一个程序运行起来需要有个入口，main()方法就是这个程序的入口，是这个程序运行的起始点。程序没有 main()方法，Java 虚拟机就不知道从哪里开始执行。需要注意的是，一个程序只能有一个 main()方法，否则程序不知道从哪个 main()方法开始运行！

编写 main()方法时，按照上面的格式和内容书写即可，内容不能缺少，顺序也不能调整，具体的各个修饰符的作用，后面的课程会详细介绍。main()方法后面也有一对花括号，Java 代码写在这对花括号里，Java 虚拟机从这对花括号里按顺序执行代码。

3．编写执行代码

```
System.out.println("HelloWorld!");
```

System.out.println("*********")方法的作用很简单，就是向控制台输出*********，输出之后自动换行。前文说过，JDK 包含了一些常用类库，提供了一些常用方法，这些方法就是 java.lang.System 类里提供的方法。如果程序员希望向控制台输出内容之后不用自动换行，则使用方法 System.out.print()。

1.3.2　编辑、编译和运行第一个 Java 程序

1．编辑 Java 程序

JDK 中没有提供 Java 编辑器，需要使用者自己选择一个方便易用的编辑器或集成开发工具。作为初学者，可以使用记事本、UltraEdit、Editplus 作为 Java 编辑器，编写第一个 Java 程序。下面以记事本为例，使用它编写 HelloWorld 程序。

打开记事本，按照图 1.12 所示输入代码（注意大小写和程序缩进），完成后将其保存为 HelloWorld.java 文件（注意不要保存成 HelloWorld.java.txt 文件）。

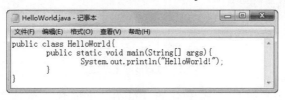

图 1.12　HelloWorld 程序代码

2．编译 java 源文件

在控制台环境下，进入保存 HelloWorld.java 的目录，执行 javac HelloWorld.java 命令，对源文件进行编译。Java 编译器会在当前目录下产生一个以.class 为后缀的字节码文件。

3．运行 class 文件

执行 java HelloWorld（注意没有.class 后缀）命令，会输出执行结果，如图 1.13 所示。

图 1.13　编译和运行 Java 程序

1.3.3　Java 集成开发环境 Eclipse

Eclipse 是著名的跨平台自由集成开发环境（IDE），深受广大开发人员的青睐，应用非常广泛。Eclipse 最初由 IBM 公司开发，于 2001 年 11 月发布了第一个版本，后来作为一个开源项目捐献给了开源组织。本书后面章节中的例程都以 Eclipse 为开发平台。

可以在官方网站 http://www.eclipse.org 下载 Eclipse。下载时需要根据操作系统选择不同的链接，Windows 操作系统下 64 位的开发环境下载地址可通过 https://www.eclipse.org/downloads/下载，如图 1.14 所示。默认 Eclipse 是英文版的，英文不好的读者可下载中文语言包，下载地址为 http://archive.eclipse.org/technology/babel/index.php，但不建议使用中文。

图 1.14　Eclipse 下载地址

JDK 成功安装并配置后，将下载的 Eclipse 压缩包先解压到磁盘目录下或通过 eclipse-inst-jre-win64.exe 直接安装，然后在 Eclipse 所在目录下创建 language 和 links 子目录，将中文语言包解压到 language 子目录下，最后在 links 子目录下创建一个 language.link 文件，内容为"path=e:/eclipse/language"，这里假设 Eclipse 安装在 E:\eclipse 目录下，如图 1.15 所示。

Eclipse 以项目（project）的方式组织代码，因此，编写代码前要先创建项目。打开 Eclipse 后，首先创建一个项目，依次选择"文件"→"新建"→"Java 项目"命令，然后输入项目名，单击"完成"按钮就生成了一个新项目。然后选择"文件"→"新建"→"类"命令,打开"新建 Java 类"对话框,如图 1.16 所示。输入类的名称,选择自动生成 public static void main()函数,完成类的创建,接下来就可以编写 Java 源代码了。

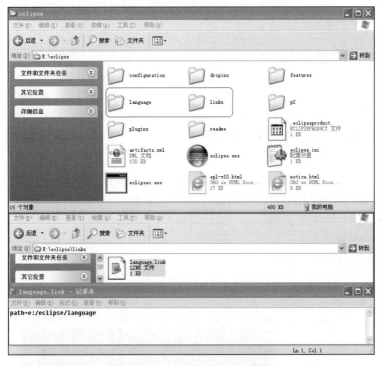

图 1.15 Eclipse 中文语言包配置

图 1.16 "新建 Java 类"对话框

1.4 创新素质拓展

1.4.1 联合编译多个 Java 类

【目的】

在编译多个 Java 源文件，自主学习 Java 主类结构相关知识的基础上，鼓励学生大胆质疑，尝试解答思考题，培养学生创新意识。

【要求】

编写 4 个源文件：Hello.java、A.java、B.java 和 C.java，每个源文件只有一个类，MainClass.java 是一个应用程序（含有 main()方法），使用了 A、B 和 C 类。将 4 个源文件保存到同一目录中，如 C:\JavaDemo，然后编译 MainClass.java。

【程序运行效果示例】

程序运行效果如图 1.17 所示。

图 1.17 程序运行效果图

【程序模板】

模板 1：Hello.java。

```java
public class Hello
{
    public static void main(String args[])
    {
        【代码1】        //命令行窗口输出"你好，只需编译我"
        A a=new A();
        a.fA();
        B b=new B();
        b.fB();
```

```
    }
}
```

模板 2：A.java。

```
public class A
{
    void fA()
    {
        【代码 2】            //命令行窗口输出"I am A"
    }
}
```

模板 3：B.java。

```
public class B
{
    void fB()
    {
        【代码 3】            //命令行窗口输出"I am B"
    }
}
```

模板 4：C.java。

```
public class C
{
    void fC()
    {
        【代码 4】            //命令行窗口输出"I am C"
    }
}
```

【思考题】

能将 Hello.java、A.java、B.java、C.java 代码直接合并成一个源文件吗？若能合并，合并后的源文件名称应该是什么？

1.4.2　编写"Java 工程师管理系统"主界面

【目的】

在完成"Java 工程师管理系统"主界面的基础上，鼓励学生仿照该系统，自己设计并实现一个自定义系统界面，培养学生创新实践能力。

【要求】

编写源文件 LQManager.java，实现"Java 工程师管理系统"主界面。在此基础上，自行设计并实现一个自定义系统界面，如工资管理系统、学籍管理系统等。

【程序运行效果示例】

"Java 工程师管理系统"（以下简称"系统"）主界面如图 1.18 所示。

```
------------------------------------
|          Java工程师管理系统          |
------------------------------------
1．输入Java工程师资料
2．删除指定Java工程师资料
3．查询Java工程师资料
4．修改Java工程师资料
5．计算Java工程师的月薪
6．保存新添加的工程师资料
7．对Java工程师信息排序（1编号升序 2姓名升序）
8．输出所有Java工程师信息
9．清空所有Java工程师信息
10．打印Java工程师数据报表
11．从文件重新导入Java工程师数据
0．结束（编辑工程师信息后提示保存）
请输入你的选择：
你的选择是：
```

图 1.18 "系统"主界面

【思考题】

1．编译器怎样提示丢失花括号的错误？

2．编译器怎样提示语句丢失分号的错误？

3．编译器怎样提示将 System 写成 system 这一错误？

4．编译器怎样提示将 String 写成 string 这一错误？

1.5　本章练习

1．Java 字节码文件的后缀为（　　　）。（选择一项）

    A．.docx　　　　　　　　　　　　B．.java

    C．.class　　　　　　　　　　　　D．以上答案都不对

2．下列描述中说法正确的是（　　　）。（选择一项）

    A．机器语言执行速度最快

    B．汇编语言执行速度最快

    C．高级语言执行速度最快

    D．机器语言、汇编语言和高级语言执行速度都一样

3．Javac 的作用是（　　　）。（选择一项）

    A．将源程序编译成字节码　　　　　B．将字节码编译成源程序

    C．解释执行 Java 字节码　　　　　　D．调试 Java 代码

4．请描述什么是 Java 虚拟机。

5．为什么 Java 能实现目标代码级的平台无关性？

第2章 Java基本的程序设计结构

 **本章简介**

在深入学习Java程序设计之前,首先要掌握Java语言基础知识。Java中的语句由标识符、关键字、运算符、分隔符和注释等元素构成;Java的流程控制语句,用来控制Java语句的执行顺序;Java中的数组存放相同类型的变量或对象。在教学内容组织上,依据验证性实验到设计型实验进阶的原则,设计实验例题,旨在夯实学生创新知识,培养学生创新能力。

学习任务工单

专业名称		所在班级		级 班
课程名称	Java基本的程序设计结构			
工学项目	数组定义方法及操作和判断是否是回文数			
所属任务	Java标识符命名规则、基本数据类型转换			
知识点	了解标识符命名规则、掌握基本数据类型转换和程序流程控制			
技能点	掌握程序流程控制、数组定义方法及操作			
操作标准				
评价标准	S	A	B	C	D
自我评价	级			
温习计划				
作业目标				

教学标准化清单

专业名称		所在班级		级 班
课程名称	Java 基本的 程序设计结构	工学项目		数组定义方法及操作 和判断是否是回文数
教学单元			练习单元	
教学内容	教学时长	练习内容		练习时长
标识符命名规则	30 分钟	利用思维导图工具将本节所学 的术语及编码方式进行整理		20 分钟
Java 基本数据类型和类 型转换	60 分钟	利用思维导图工具将本节所学 的术语及编码方式进行整理		30 分钟
程序流程控制和数组 定义方法及操作	120 分钟	利用思维导图工具将本节所学 的术语及编码方式进行整理		60 分钟

2.1　标识符和关键字

2.1.1　标识符

标识符是用于给程序中的变量、类、创建的对象及方法等命名的符号。Java 语言对标识符的定义有以下规定。

（1）标识符由字母、下画线 "_" 及美元符号 "$" 开头，后面可以是字母、下画线、美元符号和数字（0~9）。

（2）标识符区分字母的大小写，如 XY 和 Xy 代表不同的标识符。

（3）标识符的名字长度不限，但不宜太长，否则不利于程序编写。

（4）标识符不能是关键字。

例如，i1、abc、test_1 等都是合法的标识符，而 2count、high#、null 等都是非法的标识符。关键字不能当作标识符使用。Java 语言区分字母大小写，VALUE、Value、value 表示不同的标识符。

2.1.2　关键字

关键字是 Java 语言本身使用的标识符，每个关键字都有其特殊的意义，不能用于其他用途。需注意，保留字一律用小写字母表示。Java 语言中的关键字如表 2.1 所示。

表 2.1　Java 语言的关键字

类　　型	关　键　字
与数据类型相关的关键字	boolean、int、long、short、byte、float、double、char、class、interface
与流程控制相关的关键字	if、else、do、while、for、switch、case、default、break、continue、return、try、catch、finally
与修饰符相关的关键字	public、protected、private、final、void、static、strictfp、abstract、transient、synchronized、volatile、native
与动作相关的关键字	package、import、throw、throws、extends、implements、this、super、instanceof、new
其他关键字	true、false、goto、const

2.2　Java 基本数据类型

Java 数据类型分为两大类，即基本数据类型和引用数据类型，如图 2.1 所示。其中引用数据类型又分为类、接口和数组，不是本章介绍的重点，在后面的课程中会详细介绍。

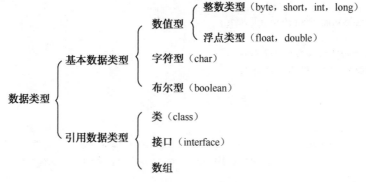

图 2.1　Java 数据类型

Java 基本数据类型分为 4 种，分别是整型、浮点型、字符型和布尔型。表 2.2 列出了不同的 Java 基本数据类型所占的字节数、位数和使用说明。

表 2.2　Java 基本数据类型说明

数 据 类 型	字 节 数	位 数	使 用 说 明
byte	1	8	取值范围：$-2^7 \sim 2^7-1$
short	2	16	取值范围：$-2^{15} \sim 2^{15}-1$
int	4	32	取值范围：$-2^{31} \sim 2^{31}-1$
long	8	64	取值范围：$-2^{63} \sim 2^{63}-1$，直接赋值时必须在数字后加上 l 或 L
float	4	32	取值范围：1.4E-45～3.4E38，直接赋值时必须在数字后加上 f 或 F
double	8	64	取值范围：4.9E-324～1.8E308
char	2	16	使用 Unicode 编码（2 个字节），可存汉字
boolean	—	—	只有 true 和 false 两个取值

2.2.1 整型

Java 各整数类型有固定的表示范围和字段长度，其不受具体操作系统的影响，以保证 Java 程序的可移植性。

Java 语言整型常量有以下 3 种表示形式。

（1）十进制整数，如 12、–127、0。

（2）八进制整数，以 0 开头，如 014（对应于十进制的 12）。

（3）十六进制整数，以 0x 或 0X 开头，如 0XC（对应于十进制的 12）。

Java 语言的整型常量默认为 int 型，声明 long 型的整型常量需要在常量后面加上"1"或"L"，例如：

```
long maxNum = 9999999999L;
```

看下面的程序，其运行结果如图 2.2 所示。

```
class MaxNum
{
    public static void main(String[] args)
    {
        long maxNum = 9999999999;
        System.out.println(maxNum);
    }
}
```

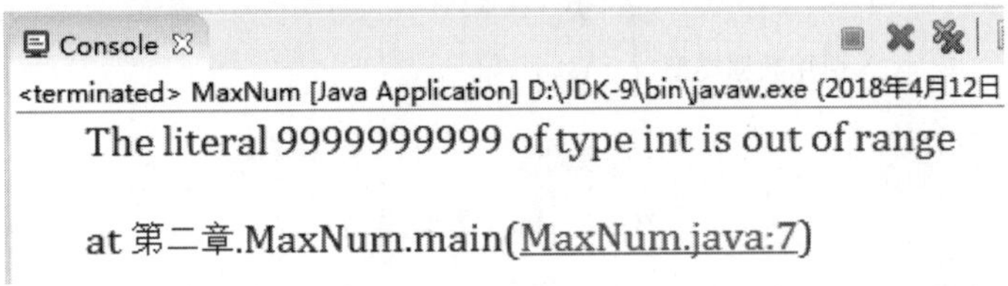

```
📺 Console ⌗                                    ■ ✖ ✖ |
<terminated> MaxNum [Java Application] D:\JDK-9\bin\javaw.exe (2018年4月12日
The literal 9999999999 of type int is out of range

    at 第二章.MaxNum.main(MaxNum.java:7)
```

图 2.2　整型常量默认为 int 型

程序运行出错的原因如下：Java 语言的整型常量默认为 int 型，其最大值为 2147483647，而在给 maxNum 赋值时，等号右边的整型常数为"9999999999"，大于 int 型的最大值，所以报错。处理方法是在"9999999999"后面加个"L"（或"1"）。

都是为了存储整数，Java 语言设计出 4 种整型类型的目的是存储不同大小的数，这样可以节约存储空间，对于一些硬件内存小或者要求运行速度快的系统显得尤为重要。例如，需要存储一个两位整数，其数值范围为–99～99，程序员就可以使用 byte 类型进行存储，因为 byte 类型的取值范围为–128～127。

2.2.2 浮点型

Java 浮点类型常量有以下两种表示形式。

（1）十进制形式，如 3.14、314.0、0.314。

（2）科学记数法形式，如 3.14e2、3.14E2、100E-2。

Java 语言浮点型常量默认为 double 型，声明一个 float 型常量，则需要在常量后面加上"f"或"F"，例如：

```
float floatNum = 3.14F;
```

对于整型，通过简单的推算，程序员就可以知道这个类型的整数的取值范围。对于 float 和 double，要想推算出来，需要理解浮点型的存储原理，且计算起来比较复杂。接下来，通过下面的程序，可以直接在控制台输出这两种类型的最小值和最大值，程序运行结果如图 2.3 所示。

```
class FloatDoubleMinMax
{
    public static void main(String[] args)
    {
        System.out.println("float 最小值 = " + Float.MIN_VALUE);
        System.out.println("float 最大值 = " + Float.MAX_VALUE);

        System.out.println("double 最小值 = " + Double.MIN_VALUE);
        System.out.println("double 最大值 = " + Double.MAX_VALUE);
    }
}
```

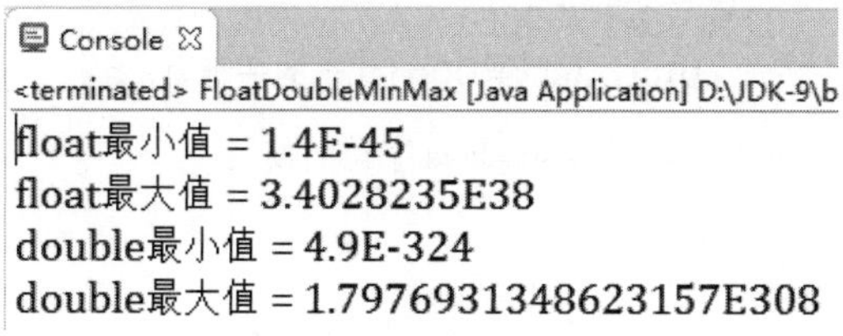

```
Console ⌧
<terminated> FloatDoubleMinMax [Java Application] D:\JDK-9\b
float最小值 = 1.4E-45
float最大值 = 3.4028235E38
double最小值 = 4.9E-324
double最大值 = 1.7976931348623157E308
```

图 2.3　浮点型数的取值范围

2.2.3　字符型

字符型（char 型）数据用来表示通常意义上的字符。

字符常量为用单引号括起来的单个字符，因为 Java 使用 Unicode 编码，一个 Unicode 编码占 2 个字节，一个汉字也是占 2 个字节，所以 Java 中字符型变量可以存放一个汉字，例如：

```
char eChar = 'q';
char cChar = '桥';
```

Java 字符型常量有以下 3 种表示形式。

（1）用英文单引号括起来的单个字符，如'a'、'汉'。

（2）用英文单引号括起来的十六进制字符代码值来表示单个字符，其格式为'\uXXXX'，其中 u 是约定的前缀（u 是 Unicode 的第一个字母），而后面的 XXXX 位是 4 位十六进制数，是该字符在 Unicode 字符集中的序号，如'\u0061'。

（3）某些特殊的字符可以采用转义符'\'来表示，将其后面的字符转变为其他含义，例如，'\t'代表制表符，'\n'代表换行符，'\r'代表回车符等。

通过下面的程序及程序的运行结果（见图 2.4），可以进一步了解 Java 字符的使用方法。

```java
class CharShow
{
    public static void main(String[] args)
    {
        char eChar = 'q';
        char cChar = '桥';
        System.out.println("显示汉字： " + cChar);
        char tChar = '\u0061';
        System.out.println("Unicode 代码 0061 代表的字符为： " + tChar);
        char fChar = '\t';
        System.out.println(fChar+"Unicode 代码 0061 代表的字符为： " + tChar);
    }
}
```

```
🖥 Console ☒
<terminated> CharShow [Java Application] D:\JDK-9\bin\
显示汉字：桥
Unicode代码0061代表的字符为：a
             Unicode代码0061代表的字符为：a
```

图 2.4　Java 字符的使用

2.2.4　布尔型

Java 中 boolean 类型可以表示真或假，只允许取值 true 或 false（不可以用 0 或非 0 的整数替代 true 和 false，这点和 C 语言不同），例如：

```java
boolean flag = true;
```

boolean 类型适于逻辑运算，一般用于程序流程控制，后面流程控制的课程经常会使用到布尔型。

2.2.5　基本数据类型转换

Java 的数据类型转换分为 3 种，即基本数据类型转换、字符串与其他数据类型转换、其他实用数据类型转换。本节介绍 Java 基本数据类型转换，其中，boolean 类型不可以和其他的数据类型互相转换。整型、字符型、浮点型的数据在混合运算中相互转换时需要遵循以下原则。

  ❑ 容量小的类型自动转换成容量大的数据类型，如图 2.5 所示。

char
byte
short
int
long
float
double

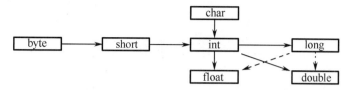

图 2.5　Java 基本数据类型转换

注：实箭头表示无信息丢失的转换，虚箭头表示可能有精度损失的转换。

- byte、short、char 之间不会互相转换，三者在计算时首先会转换为 int 类型。
- 容量大的数据类型转换成容量小的数据类型时，需要加上强制转换符，但可能造成精度降低或溢出，使用时需要格外注意。
- 有多种类型的数据混合运算时，系统首先自动地将数据均转换成容量最大的数据类型，然后再进行计算。

通过下面的程序及程序的运行结果（见图 2.6），可以进一步加深对 Java 基本数据类型转换的认识。

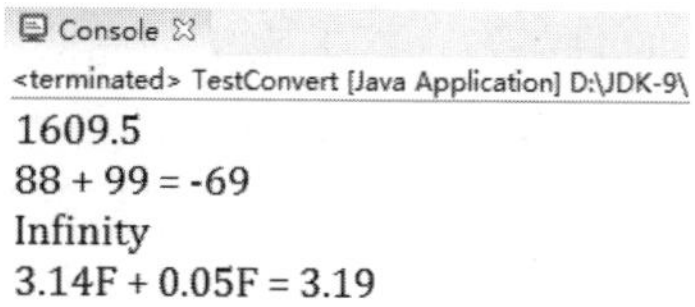

Console
<terminated> TestConvert [Java Application] D:\JDK-9\
1609.5
88 + 99 = -69
Infinity
3.14F + 0.05F = 3.19

图 2.6　Java 基本数据类型转换程序运行结果

```
class TestConvert
{
    public static void main(String[] args)
    {
        int i1 = 222;
        int i2 = 333;
        double d1 = (i1+i2)*2.9;           //系统将数据转换为 double 型运算
        float f1 = (float)((i1+i2)*2.9);   //从 double 型转换成 float 型，需要进行强制类型转换
        System.out.println(d1);
        System.out.println(f1);

        byte b1 = 88;
        byte b2 = 99;
        byte b3 = (byte)(b1+b2);           //系统先将数据转换为 int 型运算，再从 int 型转换成 byte 型
                                           //需要进行强制类型转换
        System.out.println("88 + 99 = " + b3);    //强制类型转换，数据结果溢出

        double d2 = 5.1E88;
        float f2 = (float)d2;              //从 double 型强制转换成 float 型，结果溢出
        System.out.println(f2);

        float f3 = 3.14F;
        f3 = f3 + 0.05F;       //这条语句不能写成“f3 = f3 + 0.05;”，否则会报错，
                               //因为 0.05 是 double 型，加上 f3，仍然是 double 型，赋给 float 会报错
        System.out.println("3.14F + 0.05F = " + f3);
    }
}
```

2.3 程序流程控制

2.3.1 顺序结构

顺序结构的程序是按照语句顺序从上到下执行。赋值语句是使用赋值运算符及其扩展运算符执行的语句，构成 Java 程序的基本语句。

第 1 章编写了"Java 工程师管理系统"的主界面，其中第五项内容为"计算 Java 工程师的月薪"，接下来单独完成这一模块的功能。

假设 Java 工程师的月薪按以下方式计算。

Java 工程师月薪=月底薪+月实际绩效+月餐补-月保险

其中：

（1）月底薪为固定值。

（2）月实际绩效=月绩效基数（月底薪×25%）×月工作完成分数（最小值为 0，最大值为 150）/100。

（3）月餐补=月实际工作天数×15。

（4）月保险为固定值。

计算 Java 工程师月薪时，用户输入月底薪、月工作完成分数（最小值为 0，最大值为 150）、月实际工作天数和月保险 4 个值后，即可以计算出 Java 工程师月薪。具体代码如下。

```java
import java.util.Scanner;
class CalSalary
{
    public static void main(String[] args)
    {
        double engSalary = 0.0;                    //Java 工程师月薪
        int basSalary = 3000;                      //底薪
        int comResult = 100;                       //月工作完成分数（最小值为 0，最大值为 150）
        double workDay = 22;                       //月实际工作天数
        double insurance = 3000 * 0.105;           //月应扣保险数

        Scanner input = new Scanner(System.in);    //从控制台获取输入的对象
        System.out.print("请输入 Java 工程师底薪：");
        basSalary = input.nextInt();     //从控制台获取输入——即底薪，赋值给 basSalary
        System.out.print("请输入 Java 工程师月工作完成分数（最小值为 0，最大值为 150）：");
        comResult = input.nextInt();     //从控制台获取输入——即月工作完成分数,赋值给 comResult
        System.out.print("请输入 Java 工程师月实际工作天数：");
        workDay = input.nextDouble();//从控制台获取输入——即月实际工作天数，赋值给 workDay
        System.out.print("请输入 Java 工程师月应扣保险数：");
        insurance = input.nextDouble();//从控制台获取输入——即月应扣保险数，赋值给 insurance

        //Java 工程师月薪= 底薪 + 底薪×25%×月工作完成分数/100 + 15×月实际工作天数-
        //月应扣保险数
        engSalary = basSalary + basSalary*0.25*comResult/100 + 15*workDay - insurance;
```

```
    System.out.println("Java 工程师月薪为：" + engSalary );
    }
}
```

本程序需要从控制台获取输入，所以在程序的第 1 行加入了代码 "import java.util.Scanner;"，引入 Scanner 工具类，通过该工具类从控制台获取输入。具体获取输入的代码，通过程序中的注释，很容易看明白。

2.3.2　分支结构

分支结构包括单分支语句和多分支语句。

1．if 语句

if 语句有以下 3 种语法形式。

第一种形式为基本形式，其语法形式如下。

```
if (表达式){
    代码块
}
```

其语义如下：如果表达式的值为 true，则执行其后的代码块，否则不执行该代码块。其执行过程如图 2.7 所示。

说明：

（1）这里的"表达式"为关系表达式或逻辑表达式，不能像其他语言那样以数值来代替。

（2）"代码块"是指一个语句或多个语句，当为多个语句时，一定要用一对花括号"{"和"}"将其括起，使之成为一个复合语句。

if 语句的第二种语法形式如下。

```
if (表达式){
    代码块 A
 }else{
    代码块 B
}
```

其语义如下：如果表达式的值为 true，则执行其后的代码块 A，否则执行代码块 B。其执行过程如图 2.8 所示。

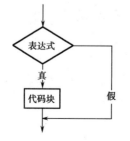

图 2.7　if 语句语法形式一

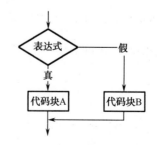

图 2.8　if 语句语法形式二

使用 if 语句，编写代码如下所示。

```java
import java.util.Scanner;
class TestIf1
{
    public static void main(String[] args)
    {
        int JavaScore = -1;                    //Java 考试成绩
        Scanner input = new Scanner(System.in);
        System.out.print("请输入王云同学 Java 考试成绩：");
        JavaScore = input.nextInt();           //从控制台获取 Java 考试成绩
        //使用 if...else...实现
        if(JavaScore >= 60)
        {
            System.out.println("恭喜你，考试合格！");
        }else{
            System.out.println("很难过地通知你，考试不及格，需要补考！");
        }
    }
}
```

假设上面的程序需求发生了变化，更改为：如果王云同学的 Java 考试成绩和 Web 考试成绩都大于等于 60 分，则输出"恭喜你，获得 Java 初级工程师认证！"，否则输出"你有考试不及格，需要补考！"，具体代码如下。

```java
import java.util.Scanner;
class TestIf2
{
    public static void main(String[] args)
    {
        int JavaScore = -1;                    //Java 考试成绩
        int WebScore = -1;                     //Web 考试成绩
        Scanner input = new Scanner(System.in);
        System.out.print("请输入王云同学 Java 考试成绩：");
        JavaScore = input.nextInt();           //从控制台获取 Java 考试成绩
        System.out.print("请输入王云同学 Web 考试成绩：");
        WebScore = input.nextInt();            //从控制台获取 Web 考试成绩
        //使用 if...else...实现
        if(JavaScore >= 60 && WebScore >= 60)
        {
            System.out.println("恭喜你，获得 Java 初级工程师认证！");
        }else{
            System.out.println("你有考试不及格，需要补考！");
        }
    }
}
```

if 语句的第三种语法形式如下。

```java
if(表达式 1){
```

```
        代码块 A
}else if(表达式 2){
        代码块 B
}else if(表达式 3){
        代码块 C
…
}else{
        代码块 X
}
```

其语义如下：依次判断表达式的值，当出现某个表达式的值为 true 时，则执行其对应的代码块，然后跳到整个 if 语句之后继续执行程序。如果所有的表达式均为 flase，则执行代码块 X，然后继续执行后续程序，其执行过程如图 2.9 所示。

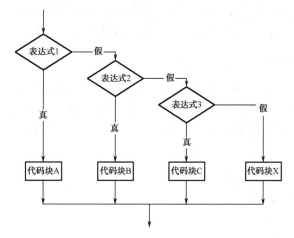

图 2.9　if 语句语法形式三

还是前面的例子，需求更改为：王云同学的 Java 考试成绩为 x，则按以下要求输出结果。

（1）x≥85，则输出"恭喜你，成绩优秀！"。

（2）70≤x<85，则输出"恭喜你，成绩良好！"。

（3）60≤x<70，则输出"恭喜你，成绩合格！"。

（4）x<60，则输出"很抱歉，成绩不合格！"。

具体代码如下。

```
import java.util.Scanner;
class TestIf3
{
    public static void main(String[] args)
    {
        int JavaScore = -1;                      //Java 考试成绩
        Scanner input = new Scanner(System.in);
        System.out.print("请输入王云同学 Java 考试成绩：");
        JavaScore = input.nextInt();             //从控制台获取 Java 考试成绩
        //使用 if...else if...实现
        if(JavaScore >= 85)
```

```
    {
        System.out.println("恭喜你，成绩优秀！");
    }else if(JavaScore >=70){
        System.out.println("恭喜你，成绩良好！");
    }else if(JavaScore >=60){
        System.out.println("恭喜你，成绩合格！");
    }else{
        System.out.println("很抱歉，成绩不合格！");
    }
    }
}
```

📢 **注意**：程序中判断表达式的前后顺序务必要有一定的规则，要么从大到小，要么从小到大，否则会出现错误。还是刚才的案例，如果把 JavaScore >=70 表达式及其之后的语句和 JavaScore >=60 表达式及其之后的语句换个位置，编译运行，当用户输入 75 时，就会输出"恭喜你，成绩合格!"，软件出现缺陷。

2．switch…case 语句

当要从多个分支中选择一个分支去执行，虽然可用 if 嵌套语句来解决，但当嵌套层数较多时，程序的可读性大大降低。Java 提供的 switch…case 语句可清楚地处理多分支选择问题。switch…case 语句根据表达式的值来执行多个操作中的一个，其执行流程如图 2.10 所示。

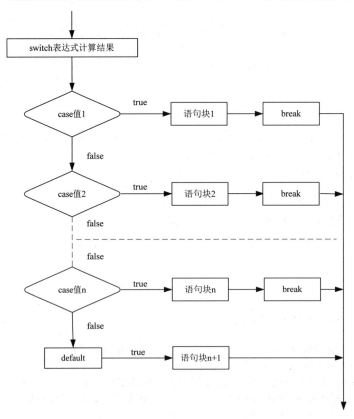

图 2.10　switch…case 语句的执行流程

switch…case 语句的形式如下。

```
switch(表达式) {
    case 值 1: 语句块 1; break;                    //分支 1
    case 值 2: 语句块 2; break;                    //分支 2
    …
    case 值 n: 语句块 n; break;                    //分支 n
    [ default: 语句块 n+1; ]                       //分支 n+1
}
```

说明：

（1）switch 后面的表达式的类型可以是 byte、char、short 和 int（不允许浮点数类型和 long 型）。

（2）case 后面的值 1、值 2、…、值 n 是与表达式类型相同的常量，但它们之间的值应各不相同，否则就会出现相互矛盾的情况。case 后面的语句块可以不用花括号括起。

（3）default 语句可以省略。

（4）当表达式的值与某个 case 后面的常量值相等时，就执行此 case 后面的语句块。

（5）若去掉 break 语句，则执行完第一个匹配 case 后的语句块后，会继续执行其余 case 后的语句块，而不管这些 case 值是否匹配。

使用 switch…case 语句实现本章案例中自动判断成绩等级的功能。具体代码如下。

```
import java.util.Scanner;
public class TestSwitch{
    public static void main(String []args){
        int k;
        int grade;
        System.out.println("请输入试卷成绩：");
        Scanner sc = new Scanner(System.in);
        grade = sc.nextInt();
        k = grade/10;
        switch(k) {
            case 10:
            case 9:
                System.out.println("成绩: 优秀"); break;
            case 8:
                System.out.println("成绩: 良好"); break;
            case 7:
                System.out.println("成绩: 中等"); break;
            case 6:
                System.out.println("成绩: 及格"); break;
            default:
                System.out.println("成绩: 不及格");
        }
    }
}
```

对以上程序进行编译，运行结果如图 2.11 所示。

Console ⊠
<terminated> TestSwitch [Java Application] |
请输入试卷成绩：
85
成绩: 良好

图 2.11　程序运行结果

2.3.3　循环结构

循环语句的作用是反复执行一段程序代码，直到满足终止条件为止。Java 语言提供的循环语句有 while 语句、do…while 语句和 for 语句。这些循环语句各有其特点，用户可根据不同的需要选择使用。

1．while 语句

while 循环的语法形式如下。

```
while(循环条件){
    循环代码块
}
```

其语义如下：如果循环条件的值为 true，则执行循环代码块，否则跳出循环，其执行过程如图 2.12 所示。

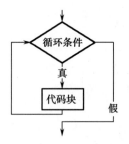

图 2.12　while 循环执行过程

用 while 语句统计 1～100（包括 100）数的总和，代码如下。

```java
public class TestWhile1{
    public static void main(String[] args){
        int sum = 0;
        int i = 1;
        while (i <= 100){
            sum += i;
            i++;
        }
        System.out.println("1 到 100(包括 100)的数的总和为：" + sum);
    }
}
```

在使用 while 循环以及下面介绍的 do…while 循环时，必须要注意，在循环体中要改变循环条件中的参数（例如本例中的 i++）或者有其他跳出循环的语句，这样才能跳出循环，否则就会出现死循环。

下面使用 while 循环再完成一个案例，这个案例的需求如下。

程序的主界面：

1．输入数据

2．输出数据

3．退出程序

请选择你的输入（只能输入 1、2、3）：

当用户输入 1 时，执行模块 1 的功能，执行完毕后，继续输出主界面；当用户输入 2 时，执行模块 2 的功能，执行完毕后，继续输出主界面；当用户输入 3 时，则退出程序。具体代码如下所示。在"Java 工程师管理系统"中也会使用类似的代码结构，需要注意。

```java
import java.util.Scanner;
class TestWhile2
{
    public static void main(String[] args)
    {
        int userSel = -1;                    //用户选择输入的参数
        while(true){//使用 while(true)，在单个模块功能执行结束后，重新输出主界面，继续循环
            System.out.println("1. 输入数据");
            System.out.println("2. 输出数据");
            System.out.println("3. 退出程序");
            System.out.print("请选择你的输入（只能输入 1、2、3）：");
            Scanner input = new Scanner(System.in);
            userSel = input.nextInt();       //从控制台获取用户输入的选择
            switch(userSel){
                case 1:
                    System.out.println("执行 1.输入数据模块");
                    System.out.println("*******************");
                    System.out.println("*******************");
                    break;
                case 2:
                    System.out.println("执行 2.输出数据模块");
                    System.out.println("*******************");
                    System.out.println("*******************");
                    break;
                case 3:
                    System.out.println("结束程序！");
                    break;
                default:
                    System.out.println("输入数据不正确！");
                    break;
            }
            if (userSel == 3)                //当用户输入 3 时，退出 while 循环，结束程序
```

```
            {
                break;
            }
        }
    }
}
```

程序运行结果如图 2.13 所示。

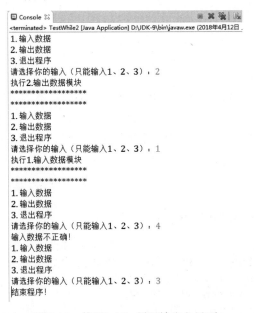

图 2.13　使用 while 循环输出主界面

如图 2.13 所示，当用户输入 2 时，执行 case 2 后面的代码并跳出 switch 语句，之后再通过 if 语句判断用户输入的是否是 3，如果是 3，则跳出 while 循环，结束程序，如果不是 3，则继续执行 while 循环，输出主界面。

2．do…while 循环

do…while 循环的语法形式如下。

```
do{
    循环代码块
 }while(循环条件);
```

do…while 循环和 while 循环类似，不同点在于 do…while 循环以 do 开头，先执行循环代码块，然后再判断循环条件，如果循环条件满足，则继续循环。由此可见，do…while 循环中的循环代码块至少会被执行一次。

下面完成一个案例，这个案例的需求是让用户输入正确的程序密码之后，才可以执行下面的代码，否则继续让用户输入，直到输入正确为止。具体代码实现如下。

```
import java.util.Scanner;
class TestWhile3
```

```
{
    public static void main(String[] args)
    {
        //使用字符串 String 存储密码，后面课程会详细介绍 String 类
        String userPass = "";                      //用户输入的密码
        final String PASSWORD = "123456";          //正确密码为 123456
        Scanner input = new Scanner(System.in);
        do{
            System.out.print("请输入程序密码：");
            userPass = input.nextLine();           //从控制台获取用户输入的密码
            System.out.println();
            //字符串的 equals()方法用于判断两个字符串的值是否相同
        }while(!userPass.equals(PASSWORD));         //密码输入不正确，继续循环，重新输入
        System.out.println("程序密码正确，继续执行！");
    }
}
```

程序运行结果如图 2.14 所示。

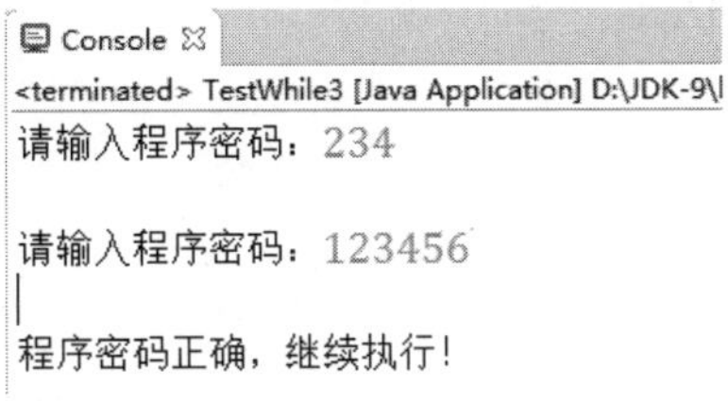

图 2.14　do...while 循环程序运行结果

3. for 循环

for 语句常常用循环控制变量来显式控制循环的执行次数，一般用于循环控制次数已知的场合。for 语句的一般形式如下。

```
for(初始语句; 逻辑表达式; 迭代语句){
    循环体;
}
```

其中，初始语句一般完成对循环变量赋初值；逻辑表达式用来判断循环是否继续进行；循环体是反复执行的语句块；迭代语句完成对循环变量取值的修改。

for 语句的执行过程如下。

（1）执行初始语句。

（2）判断逻辑表达式的值，若值为 true，则执行循环体，然后再执行第 3 步；若值为 false，则跳出循环体语句。

（3）执行迭代语句，然后转去执行第 2 步。

编写一个程序打印出所有的"水仙花数"，代码如下。所谓"水仙花数"是指一个三位数，其各位数字的立方和等于该数本身。例如，153 是一个"水仙花数"，因为 $153=1^3+5^3+3^3$。

```
public class TestFor{
    public static void main(String[] args) {
        int b1, b2, b3;
        for(int m = 101; m < 1000; m++) {
            b3 = m / 100;
            b2 = m % 100 / 10;
            b1 = m % 10;
            if((b3*b3*b3 + b2*b2*b2 + b1*b1*b1) == m) {
                System.out.println(m + "是一个水仙花数");
            }
        }
    }
}
```

对以上程序进行编译，运行结果如图 2.15 所示。

假设"Java 工程师管理系统"中可以存放 10 个 Java 工程师信息，现在需要分别输入这 10 个 Java 工程师的底薪，并计算出底薪大于等于 6000 的高薪人员比例以及这些高薪人员的底薪平均值，程序运行结果如图 2.16 所示。

Console ☒
<terminated> TestFor4 [Java Application] D:\JDK-9\bin\javaw.exe
请输入第1个工程师底薪：8000
请输入第2个工程师底薪：8500
请输入第3个工程师底薪：9000
请输入第4个工程师底薪：10222
请输入第5个工程师底薪：7500
请输入第6个工程师底薪：7000
请输入第7个工程师底薪：12000
请输入第8个工程师底薪：10000
请输入第9个工程师底薪：8600
请输入第10个工程师底薪：7800
10个Java工程师中，高薪人员比例为：100.0%
高薪人员平均底薪为：8862

Console ☒
<terminated> TestFor [Java Application] D:\JDK-9'
153是一个水仙花数
370是一个水仙花数
371是一个水仙花数
407是一个水仙花数

图 2.15　程序运行结果 　　　　图 2.16　计算高薪人员比例及平均底薪

具体代码如下。

```
import java.util.Scanner;
class TestFor4
{
    public static void main(String[] args)
    {
        int highNum = 0;                                //底薪大于等于 6000 的 Java 工程师人数
        int sumBasSalary = 0;                           //高薪人员底薪总和
        Scanner input = new Scanner(System.in);
        for(int i = 1;i <= 10 ; i++ )
        {
            System.out.print("请输入第" + i + "个工程师底薪：");
            int basSalary = input.nextInt();
            if(basSalary >= 6000)
            {
```

```
                highNum = highNum + 1;                      //高薪人员计数
                sumBasSalary = sumBasSalary + basSalary;     //高薪人员底薪求和
            }
        }
        System.out.println("10个Java工程师中,高薪人员比例为:" + highNum/10.0*100 + "%");
        System.out.println("高薪人员平均底薪为：" + sumBasSalary/highNum);
    }
}
```

思考：运行该程序，判断高薪人员平均底薪计算结果是否存在损溢的情况，如果存在，是什么原因引起的，该如何解决。

4．双重 for 循环

双重 for 循环是指在 for 循环体内包含 for 循环语句的情形，形式如下。

```
for( ; ; )                                          //外循环开始
{ ...
    for( ; ; )                                      //内循环开始
    { ... }                                         //内循环结束
}                                                   //外循环结束
```

下面使用双重 for 循环，编写一个程序打印三角形数字图案。

```java
public class TestFor5{
    public static void main(String[] args) {
        for(int i = 1; i <= 10; i++)    {            //外层 for 循环

            for(int j = 1; j <= i; j++){             //内嵌 for 循环

                System.out.print(i+"");
            }                                        //并列的内嵌 for 循环结束
            System.out.println("");
        }                                            //外层 for 循环结束
    }
}
```

对以上程序进行编译，运行结果如图 2.17 所示。

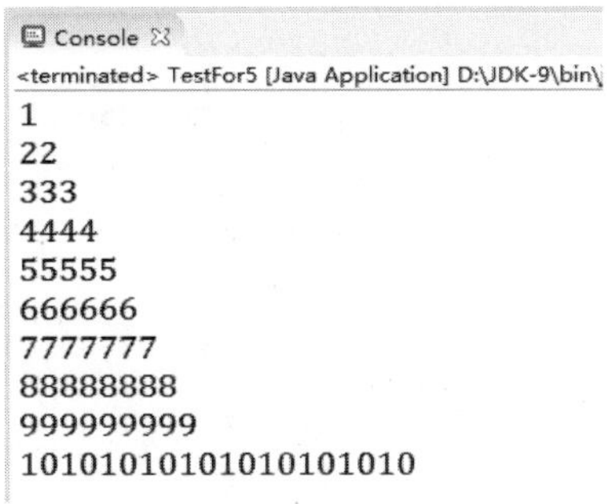

图 2.17　程序运行结果

2.3.4 转移语句

break、continue 以及后面要学到的 return 语句，都是让程序从一部分跳转到另一部分，习惯上都称为跳转语句。在循环体内，break 语句和 continue 语句的区别在于：使用 break 语句是跳出循环执行循环之后的语句，而 continue 语句是中止本次循环继续执行下一次循环。

1. break 语句

break 语句通常有不带标号和带标号两种形式，具体如下。

```
break;
break label;
```

其中，break 是关键字；label 是用户定义的标号。

break 语句虽然可以独立使用，但通常主要用于 switch 语句和循环结构中，控制程序的执行流程转移。break 语句的应用有下列 3 种情况。

（1）break 语句用在 switch 语句中，其作用是强制退出 switch 语句，执行 switch 语句之后的语句。

（2）break 语句用在单层循环结构的循环体中，其作用是强制退出循环结构。若程序中有内外两重循环，而 break 语句写在内循环中，则执行 break 语句只能退出内循环，而不能退出外循环。若想要退出外循环，可使用带标号的 break 语句。

（3）break label 语句用在循环语句中，必须在外循环入口语句的前方写上 label 标号，可以使程序流程退出标号所指明的外循环。

2. continue 语句

continue 语句只能用于循环结构中，其作用是使循环短路。它有以下两种形式。

```
continue;
continue label;
```

其中，continue 是关键字；label 为标号。

（1）continue 语句也称为循环的短路语句。在循环结构中，当程序执行到 continue 语句时就返回到循环的入口处，执行下一次循环，而循环体内写在 continue 语句后的语句不执行。

（2）当程序中有嵌套的多层循环时，为了从内循环跳到外循环，可使用带标号的 continue 语句。此时，应在外循环的入口语句前方加上标号。

编写程序，输出 1～100 所有的素数；计算并输出 1～100 所有的奇数之和。

```
public class TestBreakContinue{
    public static void main(String[ ] args)    {
        int j,k;                        //声明循环变量
        int m = 0;                      //换行控制
        int sum = 0;                    //求和
        System.out.print("**********100 以内的素数有：");
```

```
            System.out.println();                        //换行
            for(int i = 2;i <= 100;i++){
                    for(j = 2;j <= i/2;j++)
                            if(i%j == 0)
                                    break;
                    if(j > i/2){
                            System.out.print(i+"\t");
                            if(m == 9){                  //每输出 10 个数字后换行
                                    System.out.println("");
                                    m= 0;
                            }
                            else
                                    m++;
                    }
            }
            System.out.println();                        //换行
            System.out.print("******100 以内所有奇数的和计算******");
            for(k = 1;k <= 100;k++){
                    if(k % 2 == 0)
                            continue;                    //判断是偶数就跳过
                    sum = sum + k;
            }
            System.out.println();                        //换行
            System.out.print("100 以内所有奇数的和等于"+sum);
        }
}
```

对以上程序进行编译，运行结果如图 2.18 所示。

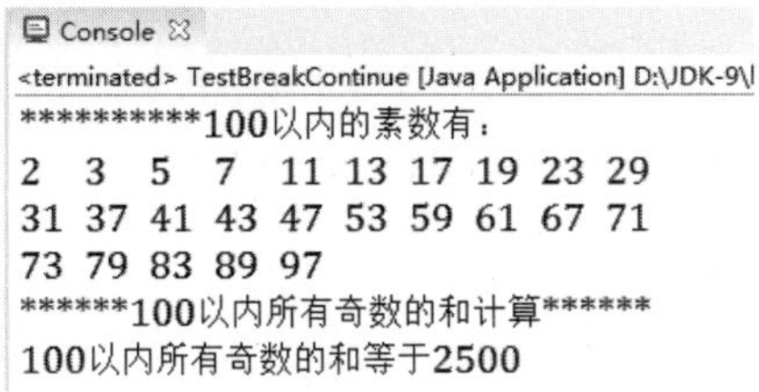

图 2.18　程序运行结果

2.4　数　　组

2.4.1　数组的概念

Java 提供了一种称为数组的数据类型，数组不是基本数据类型，而是引用数据类型。

数组是把相同类型的若干变量按一定顺序组织起来，这些按序排列的同类型数据元素的集合称为数组。数组有两个核心要素：相同类型的变量和按一定的顺序排列。数组中的元素在内存中是连续存储的。数组中的数据元素可以是基本类型，也可以是引用类型。

2.4.2 一维数组

1．一维数组的声明和创建

声明数组就是要确定数组名和数组元素的数据类型。数组名是符合 Java 标识符定义规则的用户自定义标识符。数组元素的数据类型可以是 Java 的任何数据类型，如基本数据类型（int、float、double、char）等。一维数组的声明格式有以下两种。

```
数组元素类型  数组名[];              //格式一
数组元素类型  []数组名;              //格式二
```

创建数组格式的格式如下。

```
new  数组名[<数组元素个数>];
```

也可以一次性完成数组的声明和创建，格式如下。

```
数组元素类型  []数组名= new  数组名[<数组元素个数>];
```

例如，要表示班级 30 名学生的"高等数学"的成绩，可以用一个长度为 30 的一维 float 类型数组表示，有以下两种表示方式。

```
float[] highMath;
highMath = new float[30];
```

或

```
float[] highMath = new float[30];
```

highMath 数组创建之后，其内存分配及初始值如图 2.19 所示。

数组元素	highMath[0]	highMath[1]	highMath[2]	...	highMath[29]
初始值	0	0	0	...	0

图 2.19　数组 highMath 的内存分配及初始值

2．一维数组的初始化

创建数组后，系统给数组中的每个元素一个默认值，如整型数组的默认值为 0，如图 2.19 所示。也可以在声明数组同时赋予数组一个初始值，格式如下。

```
int[] a1 = {6,5,3,2,1};
```

这个初始化操作相当于执行了以下两个语句。

```
int[] a1 = new int[5];
a1[0] = 6; a1[1] = 5; a1[2] = 3; a1[3] = 2; a1[4] = 1;
```

数组元素的下标序号是从 0 开始的。

3．一维数组的使用

1）数组的访问

数组初始化后就可以通过数组名与数组下标来引用数组中的每一个元素。一维数组元素的引用格式如下。

数组名[数组下标];

其中，数组名是经过声明和初始化的标识符；数组下标是指元素在数组中的位置，下标值可以是整数型常量或整数型变量表达式。请切记，下标是从 0 开始的，如果数组长度为 n，数组下标的取值范围是 0～（n-1），如果使用 n 或者 n 以上的元素，将会发生数组下标越界异常，虽然编译时能通过，但程序运行时将终止。

2）数组的长度

数组被初始化后，其长度就被确定。对于每个已分配了存储空间的数组，Java 用一个数据成员 length 来存储这个数组的长度值，其格式如下。

数组名.length

例如，a1.length 的值为 5，即 a1 数组的元素有 5 个，highMath.length 的值等于 30。

假设"Java 工程师管理系统"中可以存放 10 个 Java 工程师信息，现在需要分别输入这 10 个 Java 工程师的底薪，计算出底薪大于等于 6000 的高薪人员比例以及这些高薪人员的底薪平均值。要求保留这 10 个 Java 工程师底薪的信息，并需要根据用户选择输出这个工程师的底薪。程序运行结果如图 2.20 所示。接下来采用数组来完成这个案例，具体代码如下。

图 2.20　用数组存放 Java 工程师底薪

```java
import java.util.Scanner;
class TestArray1
{
    public static void main(String[] args)
    {
        int highNum = 0;                              //底薪大于等于6000的Java工程师人数
```

```
        int sumBasSalary = 0;                            //高薪人员底薪总和
        int[] basSalary = new int[10];                    //创建一个长度为 10 的整型数组

        Scanner input = new Scanner(System.in);
        for(int i = 1;i <= 10 ; i++ )
        {
            System.out.print("请输入第" + i +"个工程师底薪：");
            //依次让用户输入第 i 个工程师的底薪，注意下标是 i-1
            basSalary[i-1] = input.nextInt();
            if(basSalary[i-1] >= 6000)
            {
                highNum = highNum + 1;                    //高薪人员计数
                sumBasSalary = sumBasSalary + basSalary[i-1];   //高薪人员底薪求和
            }
        }
        System.out.println("10个Java工程师中,高薪人员比例为:" + highNum/10.0*100 + "%");
        System.out.println("高薪人员平均底薪为： " + sumBasSalary/highNum);

        System.out.print("请输入你需要获取第几个工程师的底薪：");
        int index = input.nextInt();
        System.out.println("第" + index + "个工程师的底薪为： " + basSalary[index-1]);
    }
}
```

2.4.3 数组常见操作

数组的操作包括数组元素的复制、排序、查找等。

1. 数组元素的复制

在 Java 中可以使用 arraycopy()方法来复制数组，其格式如下。

```
System.arraycopy(Object sArray, int srcPos, Object dArray, int destPos, int length);
```

该方法从指定源数组 sArray 中的指定位置 srcPos 处开始复制，把 length 个元素复制到目标数组 dArray 中，目标数组的位置从 destPos 处开始向后进行修改或替换。

2. 数组元素的排序

对于数组元素的排序，除了利用程序员自己编制的排序程序，还可以利用 Java.util 包中 Arrays 类里提供的对各种数据类型进行排序的 sort()方法，读者可查阅 Java 帮助文档的相关内容。例如，对 double 型数据进行排序的方法格式如下。

```
public static void sort(double[] a)                     //方法一
public static void sort(double[] a, int fromIndex, int toIndex)    //方法二
```

这两种方法都是对指定 double 型数组 a 按数字升序进行排序。第二种方法排序的范围是从第 fromIndex（包括）个元素起一直到第 toIndex-1 个元素止，不包括第 toIndex 个元素，

如果参数 fromIndex=toIndex，则排序范围为空。

3．数组元素的查找

Arrays 类中提供了 binarySearch()方法用于在指定数组中查找指定的数据，可用于对各种数据类型的查找。指定数组在被调用之前必须对其进行排序，如果没有对数组进行排序，则结果是不明确的。如果数组包含多个带有指定值的元素，则找到的是第一个出现的位置。

例如，对 double 型的数据进行查找的方法格式如下。

```
public static int binarySearch(double[] a, double val)
```

该方法在指定的 double 型数组 a 中查找 double 型值为 val 的元素，若查找到值为 val 的元素，则得到该元素的下标序号（整型），如果没有找到元素 val，则返回一个负值整型数。

2.4.4　二维数组

1．二维数组的声明和创建

二维数组的声明与一维数组类似，只是需要给出两对方括号，其格式如下。

```
数据类型  数组名[ ][ ];          //格式一
数据类型[ ][ ] 数组名;          //格式二
```

例如：

```
int arr[ ][ ];                //方法一
int [ ][ ] arr;               //方法一
```

2．二维数组的初始化

二维数组的声明同样也是为数组命名和指定其数据类型的，它不为数组元素分配内存，只有经初始化后才能为其分配存储空间。二维数组的初始化也分为使用 new 操作符和赋初值方式两种方式。

1）使用 new 操作符初始化

```
数组名=new 数组元素类型 [数组的行数][数组的列数];
```

例如：

```
int arra[ ][ ];                //声明二维数组
arra=new int[3][4];            //初始化二维数组
```

上述两条语句声明并创建了一个 3 行 4 列的数组 arra，即 arra 数组有 3 个元素，而每一个元素又都是长度为 4 的一维数组，实际上共有 12 个元素，共占用 12×4=48 个字节的连续存储空间。初始化二维数组的语句"arra=new int[3][4];"实际上相当于下述 4 条语句。

```
arra=new int[3][ ];            //创建一个有 3 个元素的数组，且每个元素也是一个数组
arra[0]=new int[4];            //创建 arra[0]元素的数组，它有 4 个元素
```

```
arra[1]=new int[4];              //创建 arra[1]元素的数组，它有 4 个元素
arra[2]=new int[4];              //创建 arra[2]元素的数组，它有 4 个元素
```

2）赋初值方式初始化

在数组声明时对数据元素赋初值就是用指定的初值对数组初始化。例如，"int[][] arr1={{3,-9,6},{8,0,1},{11,9,8}};"声明并初始化数组 arr1，它有 3 个元素，每个元素又都是有 3 个元素的一维数组。

用指定初值的方式对数组初始化时，各子数组元素的个数可以不同。例如，"int[][] arr1={{3,-9},{8,0,1},{10,11,9,8}};"等价于以下语句：

```
int[ ][ ] arr1=new int[3][ ];
int ar1[0]={3,-9};
int ar1[1]={8,0,1};
int ar1[2]={10,11,9,8};
```

3．二维数组的使用

接下来完成一个案例：某学习小组有 4 个学生，每个学生有 3 门课的考试成绩，如表 2.3 所示。求各科目的平均成绩和总平均成绩。

表 2.3　学生成绩表

科　　目	王云	刘静涛	南天华	雷静
Java 基础	77	88	89	91
前端技术	86	92	78	83
后端技术	82	78	85	86

程序运行结果如图 2.21 所示，具体代码如下。

```
Console ✕
<terminated> Test2Array [Java Application] D:\JDK-9\bin\javaw.exe
请输入科目：Java基础 学生：王云 的成绩：77
请输入科目：Java基础 学生：刘静涛 的成绩：88
请输入科目：Java基础 学生：南天华 的成绩：89
请输入科目：Java基础 学生：雷静 的成绩：91
请输入科目：前端技术 学生：王云 的成绩：86
请输入科目：前端技术 学生：刘静涛 的成绩：92
请输入科目：前端技术 学生：南天华 的成绩：78
请输入科目：前端技术 学生：雷静 的成绩：83
请输入科目：后端技术 学生：王云 的成绩：82
请输入科目：后端技术 学生：刘静涛 的成绩：78
请输入科目：后端技术 学生：南天华 的成绩：85
请输入科目：后端技术 学生：雷静 的成绩：86
科目：Java基础的平均成绩：86.25
科目：前端技术的平均成绩：84.75
科目：后端技术的平均成绩：82.75
总平均成绩：84.58333333333333
```

图 2.21　二维数组的应用

```
import java.util.Scanner;
class Test2Array
{
```

```java
public static void main(String[] args)
{
    int i = 0;
    int j = 0;
    String[] course = {"Java 基础","前端技术","后端技术"};
    String[] name = {"王云","刘静涛","南天华","雷静"};
    int[][] stuScore = new int[3][4];                   //存放所有学生各科成绩
    int[] singleSum = new int[]{0,0,0};                 //存放各科成绩的和
    int allScore = 0;                                   //存放总成绩
    Scanner input = new Scanner(System.in);

    //输入成绩，对单科成绩累加，对总成绩累加
    for(i = 0;i < 3; i++)
    {
        for(j = 0;j < 4;j++){
            System.out.print("请输入科目：" + course[i] + " 学生：" + name[j] + " 的成绩：");
            stuScore[i][j] = input.nextInt();           //读取学生成绩
            singleSum[i] = singleSum[i] + stuScore[i][j];   //单科成绩累加
        }
        allScore = allScore + singleSum[i];             //总成绩累加
    }

    for(i = 0;i < 3; i++)
    {
        System.out.println("科目：" + course[i] + "的平均成绩：" + singleSum[i] / 4.0);
    }
    System.out.println("总平均成绩：" + allScore / 12.0);
}
}
```

2.5   创新素质拓展

2.5.1   判断是否是回文数

【目的】

在掌握使用 if…else if 多分支语句的基础上，鼓励学生试验、归纳、总结，探索数值型数据每位数值的求解方法，培养学生的逻辑思维能力。

【要求】

编写一个 Java 应用程序。用户从键盘输入一个 1～9999 的数，程序将判断这个数是几位数，并判断这个数是否是回文数。回文数是指将该数含有的数字逆序排列后得到的数和原数相同，如 12121、3223 都是回文数。

【程序运行效果示例】

程序运行效果如图 2.22 和图 2.23 所示。

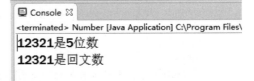

图 2.22 用户从键盘输入一个 1～9999 的数   图 2.23   程序运行结果

【程序模板】

```java
import javax.swing.JOptionPane;
public class Number
{
    public static void main(String args[])
    {
        int number=0,d5,d4,d3,d2,d1;
        String str=JOptionPane.showInputDialog("输入一个 1 至 99999 之间的数");
        number=Integer.parseInt(str);
        if(【代码 1】)                    //判断 number 在 1 至 99999 之间的条件
            {
                【代码 2】                //计算 number 的最高位（万位）d5
                【代码 3】                //计算 number 的千位 d4
                【代码 4】                //计算 number 的百位 d3
                d2=number%100/10;
                d1=number%10;
                if(【代码 5】)            //判断 number 是 5 位数的条件
                    {
                        System.out.println(number+"是 5 位数");
                        if(【代码 6】)        //判断 number 是回文数的条件
                            {
                                System.out.println(number+"是回文数");
                            }
                        else
                            {
                                System.out.println(number+"不是回文数");
                            }
                    }
                else if(【代码 7】)          //判断 number 是 4 位数的条件
                    {
                        System.out.println(number+"是 4 位数");
                        if(【代码 8】)        //判断 number 是回文数的条件
                            {
                                System.out.println(number+"是回文数");
                            }
                        else
                            {
                                System.out.println(number+"不是回文数");
                            }
                    }
                else if(【代码 9】)          //判断 number 是 3 位数的条件
```

```
                {
                    System.out.println(number+"是 3 位数");
                    if(【代码 10】)                    //判断 number 是回文数的条件
                    {
                        System.out.println(number+"是回文数");
                    }
                    else
                    {
                        System.out.println(number+"不是回文数");
                    }
                }
                else if(d2!=0)
                {
                    System.out.println(number+"是 2 位数");
                    if(d1==d2)
                    {
                        System.out.println(number+"是回文数");
                    }
                    else
                    {
                        System.out.println(number+"不是回文数");
                    }
                }
                else if(d1!=0)
                {
                    System.out.println(number+"是 1 位数");
                    System.out.println(number+"是回文数");
                }
            }
            else
            {
                System.out.printf("\n%d 不在 1 至 99999 之间",number);
            }
        }
}
```

【思考题】

1．程序运行时，用户从键盘输入 2332，程序提示怎样的信息？

2．程序运行时，用户从键盘输入 654321，程序提示怎样的信息？

3．程序运行时，用户从键盘输入 33321，程序提示怎样的信息？

4．改编程序：依据上述代码，判断用户从键盘输入一个 1～9999 的数，是不是水仙花数？

2.5.2　数列排序

【目的】

在掌握程序控制流程、数组定义方法及操作的基础上，鼓励学生探索数组排序的实现方法，培养学生的创新意识和逻辑思维能力。

【要求】

问题描述：给定一个长度为 n 的数列，将这个数列按照从小到大的顺序排列。$1 \leqslant n \leqslant 200$

输入格式：第 1 行为一个整数 n。第 2 行包含 n 个整数，为待排序的数，每个整数的绝对值小于 10000。

输出格式：输出一行，按照从小到大的顺序输出排序后的数列。

样例输入：

5

8 3 6 4 9

样例输出：

3 4 6 8 9

程序代码如下。

```java
import java.io.BufferedReader;
import java.io.IOException;
import java.io.InputStreamReader;
import java.util.ArrayList;
import java.util.Arrays;
public class Main {
    public static void main(String[] args) throws NumberFormatException, IOException {
        BufferedReader bf = new BufferedReader(new InputStreamReader(System.in));
        int num =Integer.parseInt(bf.readLine());
        String s = bf.readLine();
        int arr [] = sort(s);
        for (int i = 0; i < num; i++) {
            if(Math.abs(arr[i])>10000){
                continue;
            }
            System.out.print(arr[i]+" ");
        }
    }

    private static int [] sort(String s) {
        String [] str = s.split(" ");
        int [] arr = new int[str.length];
        for (int i = 0; i < str.length; i++) {
            arr[i] = Integer.parseInt(str[i]);
        }

        for (int i = 0; i < arr.length - 1; i++) {
            for (int j = i+1; j < arr.length; j++) {
                if(arr[i] > arr[j]){
                    int temp    = arr[i];
                    arr[i] = arr[j];
                    arr[j] = temp;
                }
            }
        }
```

```
                    return arr;
        }

}
```

【思考题】

如何通过冒泡排序、选择排序实现从大到小的排序？

2.6　本章练习

1. 下列选项中，（　　）是合法的标识符。

    A．31class   B．void   C．-5   D．_blank

2. 下列选项中，（　　）不是 Java 中的保留字。

    A．if   B．null   C．sizeof   D．private

3. 下列选项中，（　　）不是合法的标识符。

    A．$million   B．$_million   C．2$_million   D．$2_million

4. 下列选项中，（　　）不属于 Java 语言的基本数据类型。

    A．整数型   B．浮点型   C．数组   D．字符型

5. 下列关于基本数据类型的说法中，不正确的一项是（　　）。

    A．boolean 类型变量的值只能取真或假

    B．float 是带符号的 32 位浮点数

    C．double 是带符号的 64 位浮点数

    D．char 是 8 位 Unicode 字符

6. 下列 Java 语句中，不正确的一项是（　　）。

    A．$e, a, b = 10;   B．char c, d = 'a';

    C．float e = 0.0d;   D．double c = 0.0f;

7. 在编写 Java 程序时，如果不为类的成员变量定义初始值，Java 会给出它们的默认值，下列说法中不正确的一项是（　　）。

    A．byte 的默认值是 0   B．boolean 的默认值是 false

    C．char 类型的默认值是'\0'   D．long 类型的默认值是 0.0L

8. 假设 a 是 int 类型的变量，并初始化为 1，则下列选项中（　　）是合法的条件语句。

    A．if(a){}   B．if(a = 2){}

    C．if(a <<= 3){}   D．if(true){}

9. 设 a、b 为 long 型变量，x、y 为 float 型变量，ch 为 char 类型变量，且它们均已被赋值，则下列语句中，正确的是（　　）。

    A．switch(x+y) {}   B．switch ch {}

    C．switch(ch+1) {}   D．switch(a+b); {}

10. 下列选项中，（　　）不属于 Java 语言流程控制结构。

    A．分支语句   B．赋值语句   C．循环语句   D．跳转语句

11．下列循环体执行的次数是（　　　　）。

```
int y=2, x=4;
while(--x!=x/y) {}
```

  A．1   B．2   C．3   D．4

12．下列循环体执行的次数是（　　　　）。

```
int x=10, y=30;
do {y-=x; x++;} while (x++<y--);
```

  A．1   B．2   C．3   D．4

13．给出下面程序代码：

```
byte[] a1, a2[];
byte a3[][];
byte[][] a4;
```

  所列数组操作语句中，不正确的一项是（　　　　）。

  A．a2 = a1 B．a2 = a3 C．a2 = a4 D．a3 = a4

14．关于数组，下列说法中不正确的是（　　　　）。

  A．数组是最简单的复合数据类型，是一系列数据的集合

  B．定义数组时必须分配内存

  C．数组元素可以是基本数据类型、对象或其他数组

  D．一个数组中所有元素都必须具有相同的数据类型

15．数组定义语句"int a[] = {1, 2, 3};"，对此语句的叙述错误的是（　　　　）。

  A．定义了一个名为 a 的一维数组

  B．a 数组元素的下标为 1～3

  C．a 数组有 3 个元素

  D．数组中每个元素的类型都是整数

16．执行语句"int[] x = new int[20];"后，下面说法中正确的是（　　　　）。

  A．x[19]为空   B．x[19]为 0

  C．x[19]未定义   D．x[0]为空

17．编程实现：根据某高校大学生成绩管理需求编写 Java 应用程序，要求根据操作者输入的试卷成绩和平时成绩，按照"总成绩=试卷成绩×70%+平时成绩×30%"来计算总成绩；另外，对输入的试卷成绩进行校验，判断并输出相应的等级，等级划分标准为优秀（90≤x≤100）、良好（80≤x<90）、中等（70≤x<80）、及格（60≤x<70）和不及格（x<60），若试卷成绩<0 则给予相应提示。

18．编程实现：根据某高校大学生成绩管理需求编写 Java 应用程序，分别统计班级 30 名学生"高等数学"和"Java 程序设计"的总成绩和平均成绩，并按各科成绩由低到高的顺序排序。

19．编程实现：利用 do…while 循环，计算 1!+2!+3! +…+100!的值。

第3章 面向对象

本章简介

  Java 是面向对象的程序设计语言，其核心是类和对象。本章介绍了面向对象特点、类的定义，涉及类中成员属性、成员方法的定义，类和对象的关系，对象的创建，成员方法和属性的使用，访问修饰符的作用等知识。其中，在创新素质拓展部分，安排了编写 Java 应用程序，用来刻画"三角形""梯形""圆形"。通过开放型、设计型实验，培养学生创新素质。

学习任务工单

专业名称		所在班级		级　　班	
课程名称	面向对象				
工学项目	重载方法的使用				
所属任务	理解面向对象的基本特征和类的定义及使用				
知识点	了解对象、类和实体，掌握类的定义及使用				
技能点	掌握重载方法的使用和 Java 中常见修饰符				
操作标准					
评价标准	S	A	B	C	D
自我评价	级				
温习计划					
作业目标					

教学标准化清单

专业名称		所在班级	级　　班
课程名称	面向对象	工学项目	重载方法的使用
教学单元		练习单元	
教学内容	教学时长	练习内容	练习时长
面向对象的特点、类的定义及使用	30 分钟	利用思维导图工具将本节所学的术语及编码方式进行整理	20 分钟
定义类的构造方法和重载的定义	60 分钟	利用思维导图工具将本节所学的术语及编码方式进行整理	30 分钟
重载方法的使用和 Java 中常见修饰符	120 分钟	利用思维导图工具将本节所学的术语及编码方式进行整理	60 分钟

3.1　理解面向对象的基本特征

　　面向对象（object oriented，OO）的软件开发是当今软件开发的主流技术。而面向对象的思想、概念和应用已经扩展到数据库系统、交互式界面、应用平台、分布式系统、网络管理架构、计算机辅助设计技术、人工智能等多个领域。本节将讨论面向对象的几个基本概念。

3.1.1　对象、类和实体

1. 对象

　　对象是存在的具体实体，具有明确定义的状态和行为。这句话的含义如下：任何客观存在的实体都是对象，并且都可以通过这个对象的状态属性和行为属性来描述。状态属性用来描述对象静态方面的属性，如学生对象的姓名、性别、年龄等；行为属性用来描述对象的功能或者动态方面的属性，如学生对象的学习、打篮球等。

　　如图 3.1 所示，对于收银员对象来说，姓名、年龄和体重属于状态属性，收款、打印账单属于行为属性；对于顾客对象，姓名、年龄和体重属于状态属性，购买商品属于行为属性。

2. 类

　　类是面向对象技术中非常重要的一个概念。简单地说，类就是同种对象的集合。

　　例如，张三、李四这两个人毫无疑问都属于人类，为什么说他们属于人类呢，因为他们都体现了人类的特点，即他们都有身高、体重、年龄、性别等属性；他们还会直立行走、能劳动、有智慧。其中，身高、体重、年龄、性别属于状态属性，直立行走、能劳动和有智慧属于行为属性。不难看出，"人类"是一个抽象的概念，它把各个实体对象，即人的个体对象的共同属性抽象出来，并形成了一个"模板"，这个"模板"就是我们判断张三和李四属于人类的理论依据。同时，这个"模板"还可以帮助我们"克隆"出其他的实体对象，如王五、赵六。当然，这里的"克隆"指的是派生，在面向对象的相关概念中，有一个专有动词，即"实例化"。

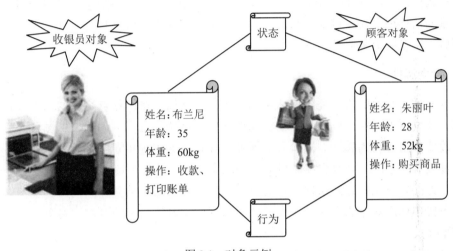

图 3.1　对象示例

简单地说，类是面向对象程序的基本单位，是抽象了同类对象的共同状态属性和行为属性形成的"模板"。有了这个"模板"，就可以实例化出任何具体对象。

3. 实体

实体是以类为"模板"克隆出的具体对象。它能且只能反映出"模板"中定义的状态属性和行为属性。对象、类和实体之间的关系如图 3.2 所示。不难看出，类是对象的抽象，而实体则是类具体化的结果，类到实体具体化的过程称为实例化。

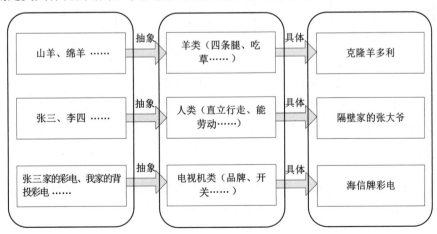

图 3.2　对象、类和实体之间的关系

3.1.2 对象的属性

对象是具有以下 3 种属性的计算机软件结构。

1．状态属性

状态属性，主要指对象内部包括的状态信息。在计算机软件结构中，它被映射为变量，这些变量的值体现了对象目前的状态。例如，每台电视机都可以具有品牌、大小、颜色、是否开启、所在频道等信息。

2．行为属性

行为属性是对象的另一类属性，表示对对象的操作。在计算机软件结构中，它被映射为方法。通过行为属性，可以改变状态属性的值。仍然以电视机为例，它具备开关、调节音量、改变频道等行为属性。通过开关操作，可以改变电视机对象的状态属性——是否开启；通过改变频道，可以改变电视机对象的状态属性——所在频道。

另一方面，对象的行为属性还是对象与其他对象之间信息交互的接口。其他对象可以通过这个接口调用对象的方法，实现操作对象或改变对象状态的目的。对象之间的联系如图 3.3 所示。

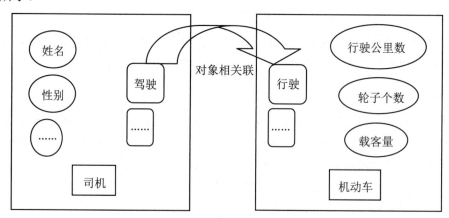

图 3.3　对象之间的联系

在图 3.3 中，用矩形表示对象，用椭圆表示状态属性，用圆角矩形表示行为属性。可见，司机对象通过"驾驶"的行为属性，实现了机动车的"行驶"操作，进而改变了该机动车的"行驶公里数"这一状态属性。因此，我们说司机对象和机动车对象实现了通信。

3．标识

标识，即对象的名称，是一个对象区别于其他对象的标志。在计算机软件结构中，它可以是类的名字，也可以是某个具体对象的名字。

3.1.3　面向对象的特点

1．封装

把数据和函数包装在一个单独的单元（称为类）的行为称为封装。数据封装是类的最典型特点。封装机制将数据和代码捆绑到一起，避免了外界的干扰和不确定性。也就是说，数据不能被外界访问，只能被封装在同一个类中的函数访问，这些函数提供了对象数据和程序之间的接口。简单地说，一个对象就是一个封装了数据和操作代码的逻辑实体。

在一个对象内部，某些代码和（或）某些数据可以是私有的，不能被外界访问。通过这种方式，对象对内部数据提供了不同级别的保护，以防止程序中无关的部分意外改变或错误使用了对象的私有部分。

2．继承

继承是可以让某个类型的对象获得另一个类型对象的属性的方法。继承支持按级分类的概念。例如，知更鸟属于飞鸟类，也属于鸟类。这种分类的原则是，每一个子类都具有父类的公共特性。

在面向对象的编程实现（object oriented programming，OOP）中，继承的概念很好地支持了代码的重用性，也就是说，我们可以向一个已经存在的类中添加新的特性，而不必改变这个类。这可以通过从这个已存在的类派生一个新类来实现，这个新的类将具有原来那个类的特性和新的特性。继承机制的魅力和强大就在于它允许程序员利用已经存在的类（接近需要，而不是完全符合需要的类），并且可以以某种方式修改这个类，而不会影响其他东西。

📢 **注意**：每个子类只定义这个类所特有的特性。而如果没有按级分类，每类都必须显式地定义它所有的特性。

3．多态

多态是 OOP 的另一个重要概念。多态是指事物具有不同形式的能力。对于不同的实例，某个操作可能会有不同的行为，这个行为依赖于所要操作数据的类型。例如，在加法操作中，如果操作的数据是数，它对两个数求和；如果操作的数据是字符串，则它将连接两个字符串。

多态机制使具有不同内部结构的对象可以共享相同的外部接口。这意味着，虽然针对不同对象的具体操作不同，但通过一个公共的类，它们（指具体操作）可以通过相同的方式予以调用。多态在实现继承的过程中被广泛应用。

面向对象程序设计语言支持多态，即"一个接口，多个实现"（one interface multiple method）。简单来说，多态机制允许通过相同的接口引发一组相关但不相同的动作，通过这种方式，可以减少代码的复杂度。在某个特定的情况下应该做出怎样的动作，这由编译器决定，不需要程序员手动干预。

3.2 类的定义及使用

Java 语言里定义类的简单语法如下。

```
[修饰符] class 类名 {
    零个到多个构造器定义…
    零个到多个属性…
    零个到多个方法…
}
```

其中，修饰符包括访问控制修饰符和非访问控制修饰符，常见的修饰符有 public、private、protected，以及默认修饰符 friendly 等。[ ]表示可有可无。

从程序的可读性角度来看，类名必须由一个或多个有意义的单词连缀而成，每个单词的首字母大写，其余字母小写，单词与单词之间不使用分隔符。

对一个类而言，可以包含 3 种最常见的成员：构造器、方法和属性。这 3 种成员都可以定义 0 个或多个，如果都定义为 0 个，即定义了一个空类，实际中没有太大意义。

属性用于定义该类或该类的实例所包含的数据，方法则用于定义该类或该类的对象的实例行为特征或功能实现。构造器是一类特殊的方法，用于构造该类的实例，Java 通过 new 关键字来调用构造器，从而返回该类的实例。如果程序员没有为一个类编写构造器，则系统会为该类提供一个默认的构造器；一旦程序员为一个类提供了构造器，系统将不再为该类提供默认构造器。

3.2.1 定义类的成员属性

属性也就是变量，定义格式如下。

```
[修饰符] 属性类型 属性名 [= 默认值];
```

修饰符：可以省略，也可以是 public、private、protected、final、static。其中，public、private 和 protected 可以与 static、final 组合起来修饰属性。

属性类型：可以是基本数据类型，也可以是类等引用数据类型。

属性名：只要是一个合法的标识符即可。从程序员的角度看，属性名一般由一个或多个有意义的单词连缀而成，第一个单词首字母小写，后面每个单词首字母大写，其他字母均小写，单词和单词之间不需要任何分隔符。

默认值：也就是初始值，对变量进行初始化。

3.2.2 定义类的一般成员方法

类的成员方法又称为成员函数，属于类中的行为属性，标志了类所具有的功能和操作，其实质是一段用来完成某种操作的程序。语法格式如下。

```
[修饰符] 返回值类型 方法名 (形参列表) {
                              //零条或多条可执行语句组成的方法体
}
```

修饰符：可以省略，也可以是 public、protected、private、abstract、static 和 final。其中，public、private、protected 只能出现其一，abstract 和 final 最多只能出现其一，它们都可以和 static 组合起来使用。

返回值类型：如果一个方法没有返回值，则必须使用 void 来声明没有返回值；如果有返回值，返回值类型可以是 Java 语言支持的任意数据类型，同时必须要有一个对应的 return 语句，该语句返回一个变量或一个表达式，这个变量或表达式的类型必须与此处声明的类型匹配（相同或者能够转换成返回值类型）。

方法名：一般以动词开始，采用动宾式结构，动词全部小写，后面的名词首字母大写。

形参列表：表示该方法可以接受的参数，多个参数之间用英文逗号","分隔。

3.2.3　类的定义及使用

1. 类的定义

接下来通过定义学生类，熟悉 Java 类定义的写法，具体代码如下。

```
public class Student
{
    String stuName;                 //学生姓名
    int stuAge;                     //学生年龄
    int stuSex;                     //学生性别
    int stuGrade;                   //学生年级
//定义听课的方法，在控制台直接输出
public void learn()
{
    System.out.println(stuName + "正在认真听课！");
}
//定义写作业的方法，输入时间，返回字符串
public String doHomework(int hour)
{
    return "现在是北京时间:" + hour + "点，" + stuName + " 正在写作业！";
  }
}
```

注意：这个类里面没有 main()方法，所以只能编译，不能运行。

2. 对象的实例化

定义好 Student 类后，就可以根据这个类创建（实例化）对象了。类就相当于一个模板，可以创建多个对象。创建对象的语法形式如下。

```
类名 对象名 = new 类名();
```

创建对象时，要使用 new 关键字，后面要跟着类名。

根据上面创建对象的语法，创建王云这个学生对象的代码如下。

```
Student wangYun = new Student();
```

这里只创建了 wangYun 这个对象，并没有对这个对象的属性赋值，考虑到每个对象的属性值不一样，所以通常在创建对象后给对象的属性赋值。在 Java 语言中，通过 "." 操作符来引用对象的属性和方法，具体的语法形式如下。

```
对象名.属性;
对象名.方法;
```

通过上面的语法形式，可以给对象的属性赋值，也可以更改对象属性的值或者调用对象的方法，具体代码如下。

```
wangYun.stuName ="王云";
wangYun.stuAge = 22;
wangYun.stuSex = 1;              //1 代表男，2 代表女
wangYun.stuGrade = 4;           //4 代表大学四年级
wangYun.learn();                 //调用学生听课的方法
wangYun.doHomework(22);         //调用学生写作业的方法，输入值 22 代表现在是 22 点
                                 //该方法返回一个 String 类型的字符串
```

3. 对象的使用

接下来通过创建一个测试类 TestStudent（这个测试类需要和之前编译过的 Student 类在同一个目录），来测试 Student 类的创建和使用，具体代码如下。

```
public class TestStudent
{
public static void main(String[] args)
{
    Student wangYun = new Student();        //创建 wangYun 学生类对象
    wangYun.stuName = "王云";
    wangYun.stuAge = 22;
    wangYun.stuSex = 1;                     //1 代表男，2 代表女
    wangYun.stuGrade = 4;                   //4 代表大学四年级
    wangYun.learn();                        //调用学生听课的方法
    String rstString = wangYun.doHomework(22);   //调用学生写作业的方法，输入值 22 代表现在
是 22 点
    System.out.println(rstString);
}
}
```

编译并运行该程序，运行结果如图 3.4 所示。

```
Console ✕
<terminated> TestStudent [Java Application] D:\JDK-9\bin\
王云正在认真听课！
现在是北京时间:22点，王云 正在写作业！
```

图 3.4　创建和使用 Student 类

📣 **注意：** 这个程序有两个 Java 文件，每个 Java 文件中编写了一个 Java 类，编译完成后形
成两个 class 文件。也可以将两个 Java 类写在一个 Java 文件里，但其中只能有
一个类用 public 修饰，并且这个 Java 文件的名称必须用这个 public 类的类名命
名，具体代码如下。

```java
public class TestStudent
{
    public static void main(String[] args)
    {
        Student wangYun = new Student();          //创建 wangYun 学生类对象
        wangYun.stuName = "王云";
        wangYun.stuAge = 22;
        wangYun.stuSex = 1;                        //1 代表男，2 代表女
        wangYun.stuGrade = 4;                      //4 代表大学四年级
        wangYun.learn();                           //调用学生听课的方法
        String rstString = wangYun.doHomework(22);//调用学生写作业的方法，输入值22代表现在是22点
        System.out.println(rstString);
    }
}
class Student                                      //不能使用 public 修饰
{
    String stuName;                                //学生姓名
    int stuAge;                                    //学生年龄
    int stuSex;                                    //学生性别
    int stuGrade;                                  //学生年级
    //定义听课的方法，在控制台直接输出
    public void learn()
    {
        System.out.println(stuName + "正在认真听课！");
    }
    //定义写作业的方法，输入时间，返回字符串
    public String doHomework(int hour)
    {
        return "现在是北京时间:" + hour + "点，" + stuName + " 正在写作业！";
    }
}
```

3.3 构 造 函 数

3.3.1 定义类的构造方法

构造方法是类中一种特殊的成员方法，在构建类的对象时，利用 new 关键字和一个与
类同名的方法完成，它的特点如下。

（1）构造方法和类名相同。

（2）构造方法没有返回值。

（3）主要作用是完成类对象的初始化操作。

（4）在创建类的对象时，系统会自动调用构造方法，而不能由编程人员显式地直接调用。

（5）每个类中可以有 0 个或多个构造方法。当一个类定义多个构造方法时，称为构造方法的重载。

每个类在没有定义构造方法时，都有一个默认的构造方法。这个构造方法没有形式参数，也没有任何操作，但在创建一个新的对象时，如果没有用户自定义的构造方法，则使用此默认构造方法对新对象进行初始化。

注意：当一个类有自定义的构造方法时，类的默认构造方法无效，程序中就不能再调用默认的构造方法来创建对象。也就是说，下面的程序编译时会出错。

3.3.2 构造函数的使用

构造函数（方法）的主要作用是完成对象的初始化工作，它能够把定义对象时的参数传给对象。一个类可以定义多个构造方法，根据参数的个数、类型或排列顺序来区分不同的构造方法。具体代码如下。

```java
public class Student
{
    private String stuName;
    private int stuAge;
    private int stuSex;
    private int stuGrade;

    //读取姓名信息
    public String getStuName()
    {
        return this.stuName.toString();
    }

    //读取班级信息
    public int getStuGrade()
    {
        return this.stuGrade;
    }

    //构造方法，用户初始化对象的属性
    public Student(String name, int age, int sex, int grade){
        this.stuName = name;
        this.stuAge = age;
        this.stuSex = sex;
        this.stuGrade = grade;
    }
    //构造方法，用户初始化对象的属性（不带年级参数，设置年级默认值为4）
    public Student(String name, int age, int sex){
        this.stuName = name;
        this.stuAge = age;
        this.stuSex = sex;
```

```
            this.stuGrade = 4;
        }
        //构造方法，用户初始化对象的属性
        //不带年龄、年级参数，设置年龄默认值为 22，年级默认值为 4
        public Student(String name, int sex){
            this.stuName = name;
            this.stuAge = 22;
            this.stuSex = sex;
            this.stuGrade = 4;
        }
        //定义听课的方法，在控制台直接输出
        public void learn()
        {
            System.out.println(stuName + "正在认真听课！");
        }
        //定义写作业的方法，输入时间，返回字符串
        public String doHomework(int hour)
        {
            return "现在是北京时间:" + hour + "点，" + stuName + " 正在写作业！";
        }
}
```

新建测试类 TestStudent1，其代码如下，运行结果如图 3.5 所示。

```
public class TestStudent1
{
    public static void main(String[] args)
    {
        //使用不同参数列表的构造方法创建 wangYun、liuJT、nanTH 3 个学生类对象
        Student wangYun = new Student("王云",22,1,4);
        Student liuJT = new Student("刘静涛",21,2);
        Student nanTH = new Student("南天华",1);

        wangYun.learn();
        String rstString = wangYun.doHomework(22);
        System.out.println(rstString);

        liuJT.learn();                                  //调用 liuJT 对象的 learn()方法
        //调用 liuJT 对象的 getStuName()和 getStuGrade()方法获得属性值
        System.out.println(liuJT.getStuName() + " 正在读大学" + liuJT.getStuGrade() + "年级");

        System.out.println(nanTH.doHomework(23));//调用 nanTH 对象的 doHomework(23)方法
    }
}
```

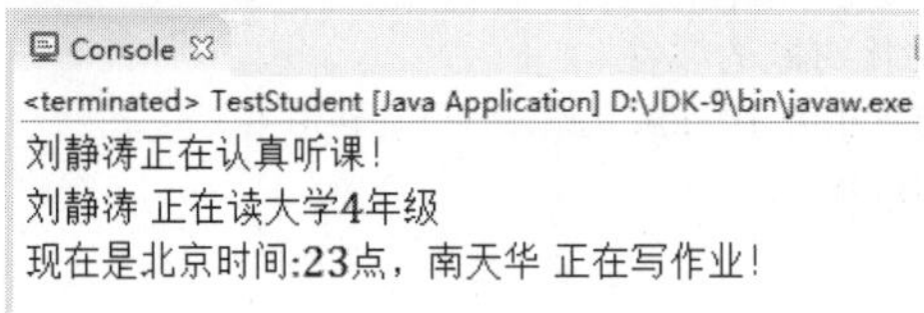

图 3.5　使用类的多个构造方法

如果在定义类时没有定义构造方法，则编译系统会自动插入一个无参数的默认构造方法，这个构造方法不执行任何代码。如果在定义类时定义了有参的构造方法，没有显式地定义无参的构造方法，那么在使用构造方法创建类对象时，则不能使用默认的无参构造方法。

例如，在 TestStudent1 程序的 main()方法内添加一行语句"Student leiJing = new Student();"，编译器会报错，提示没有找到无参的构造方法。

3.4 方 法 重 载

3.4.1 重载的定义

在同一个类中，可以有两个或两个以上的方法具有相同的方法名，但它们的参数列表不同，该方法就被称为重载（overload）。其中，参数列表不同包括以下 3 种情形。

（1）参数的数量不同。

（2）参数的类型不同。

（3）参数的顺序不同。

📢 注意：仅返回值不同的方法不叫重载方法。

其实重载的方法之间并没有任何关系，只是"碰巧"名称相同罢了，既然方法名称相同，在使用相同的名称调用方法时，编译器怎么确定调用哪个方法呢？就要靠传入参数的不同确定调用哪个方法。返回值是运行时才决定的，而重载方法的调用是编译时就决定的，所以，当编译器碰到只有返回值不同的两个方法时，就"糊涂"了，认为它是同一个方法，不知道调用哪个，因此就会报错。

在之前介绍一个类可以定义多个构造方法时，已经对构造方法进行了重载，接下来通过案例学习普通方法的重载。

3.4.2 重载方法的使用

分析如下代码，其中的重点是普通 learn()方法的重载。

```java
public class Student
{
    private String stuName;
    private int stuAge;
    private int stuSex;
    private int stuGrade;
    //构造方法，用户初始化对象的属性
    public Student(String name,int age,int sex,int grade){
        this.stuName = name;
        this.stuAge = age;
        this.stuSex = sex;
        this.stuGrade = grade;
```

```
    }
    //构造方法，用户初始化对象的属性（不带年级参数，设置年级默认值为 4）
    public Student(String name,int age,int sex){
        this.stuName = name;
        this.stuAge = age;
        this.stuSex = sex;
        this.stuGrade = 4;
    }
    //构造方法，用户初始化对象的属性
    //不带年龄、年级参数，设置年龄默认值为 22，年级默认值为 4
    public Student(String name,int sex){
        this.stuName = name;
        this.stuAge = 22;
        this.stuSex = sex;
        this.stuGrade = 4;
    }
    //无参构造方法
    public Student(){
    }
    //省略了 Student 类中的其他方法
    //传入参数 name、age、sex 和 grade 的值，输出结果
    public void learn(String name,int age,int sex,int grade)
    {
        String sexStr = (sex==1)?"男生":"女生";
        System.out.println(age + "岁的大学" + grade + "年级" + sexStr + name + "正在认真听课！");
    }
    //传入参数 name、age 和 sex 的值，grade 的值取 4，输出结果
    public void learn(String name,int age,int sex)
    {
        learn(name,age,sex,4);
    }
    //传入参数 name 和 sex 的值，age 的值取 22，grade 的值取 4，输出结果
    public void learn(String name,int sex)
    {
        learn(name,22,sex,4);
    }  //无参的听课方法，使用成员变量的值作为参数
    public void learn()
    {
        learn(this.stuName,this.stuAge,this.stuSex,this.stuGrade);
    }
}
```

上面的代码重载了 learn()方法，测试类 main()方法中的代码如下。

```
Student stu = new Student("王云",22,1,4);
stu.learn("刘静涛",21,2,3);
stu.learn("南天华",20,1);
stu.learn("雷静",2);
stu.learn();
```

程序运行结果如图 3.6 所示。

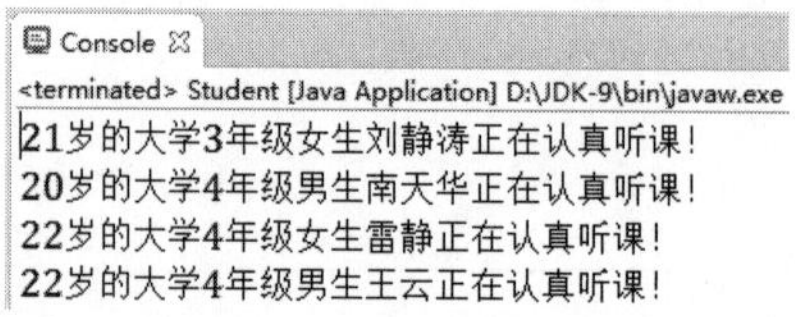

图 3.6　重载方法使用程序运行结果

有些读者可能已经注意到了，在一些重载方法的方法体内，调用了其他重载方法。这种情况在类重载方法的使用上非常普遍，有利于代码的重用和维护。

3.5　Java 中常见修饰符

在 Java 中，可以使用一些修饰符来修饰类和类中成员。一般将修饰符分为访问控制符和非访问控制符。Java 中常见的访问控制修饰符有 public、private、protected，它们规定了程序的其他部分，即程序中其他类是否可以访问到被访问控制符修饰的类、方法或变量。Java 中常见的非访问控制修饰符有 static、final、abstract，它们有的可以修饰类，有的可以修饰类中的属性和方法，其作用各有不同。

3.5.1　访问控制修饰符

面向对象的基本思想之一：封装实现细节并公开接口。Java 语言采用访问控制修饰符来控制类及类的方法和变量的访问权限，从而只向使用者暴露接口，但隐藏实现细节。

Java 中共有 4 种访问控制级别。

1．public 访问控制符

public 的含义是公共的，可以修饰类和类的成员，包括变量和方法。public 修饰类，表示该类可以被包内的类和对象，以及包外的类和对象访问。public 修饰类的成员，表示只要该类可以被访问，那么其中的 public 成员均可被访问。

2．protected 访问控制符

protected 只能修饰类成员，即属性和方法，不能修饰类。protected 访问权限为类内部和定义它的类的子类（可以在同一个包内，也可以不在同一个包内），以及与它在同一个包内的其他类访问。

3．默认访问控制符

在有些面向对象语言中，默认访问控制符等同于 friendly 修饰符，但是 friendly 不是 Java 的关键字。在 Java 中，默认访问控制符可以修饰类和类的成员，包括变量和方法；默认访问控制符等效于省略修饰符；默认访问控制符具有包访问特征，即访问权限限于包的内部。

4．private 访问控制符

private 修饰符只能修饰类的成员，即变量和方法；private 的访问权限最高，只能在类的内部访问，即

```
class classname    {
...
     private  成员 1;
...
}
//第一个类定义如下：
package bag1;
public class Myclass1{
    private int var1;          //私有变量
}
//第二个类定义如下：
package bag2;
import bag1.*;
class Myclass2{
    private int pv1;
    private float pv2;
    void setting(Myclass1 one) {
        one = new Myclass1();
        one.var1=100;       //非法语句。由于 var1 是私有变量，只能在 Myclass1 中被访问
        this.pv1 = 10;       //正确语句，在类体内部可以访问私有成员 pv1
        this.pv2 = 20.0f;    //正确语句，在类体内部可以访问私有成员 pv2
    }
}
```

综上可知，Java 中访问控制符的访问权限如表 3.1 所示。

表 3.1　访问控制符的访问权限

位　　置	private	默　　认	protected	public
同一个类	是	是	是	是
同一个包内的类	否	是	是	是
不同包内的子类	否	否	是	是
不同包并且不是子类	否	否	否	是

📢 **注意：**（1）成员变量、成员方法和构造方法可以用 4 个访问级别中的任何一个去修饰。

（2）类（顶层类）只能处于 public 或默认访问级别，因此顶层类不能用 private 和 protected 来修改，如 private class Sample {...}编译出错，类不能被 private 修饰。

（3）访问级别仅适用于类及类的成员，而不适用于局部变量。局部变量只能在方法内部被访问，不能用 public、protected、private 来修饰。

3.5.2 非访问控制修饰符

Java 的非访问控制修饰符主要包括 static、abstract 和 final。其中，static 是静态修饰符，一般修饰属性和方法；abstract 是抽象修饰符，一般修饰类和方法；final 是最终修饰符，一般修饰类、属性和方法。

1．非访问控制修饰符 static

1）static 修饰变量

static 修饰符修饰的变量叫作静态变量，即类变量。用 static 修饰变量，一般有以下两个目的。

（1）所有实例化的对象共享此变量。被 static 修饰的属性不属于任何一个类的具体对象，是公共的存储单元。任何对象访问它时，获取到的都是相同的数值。

（2）可以通过类，也可以通过对象去访问。当需要引用或修改一个 static 限定的类属性时，可以直接使用类名访问，也可以使用某一个对象名访问，效果相同。

2）static 修饰方法

static 修饰符修饰的方法叫作静态方法，它是属于整个类的方法，在内存中的代码段随着类的定义而分配和装载。静态方法具有如下规则。

（1）调用静态方法时应该使用类名作为前缀，不用某个具体的对象名。

（2）可以调用其他静态方法。

（3）该方法不能操纵属于某个对象的成员变量，即 static 方法只能处理 static 数据。

（4）不能使用 super 或 this 关键字。

2．非访问控制修饰符 abstract

使用 abstract 时需要注意以下几点。

（1）abstract 修饰符表示所修饰的类没有完全实现，还不能实例化。

（2）如果在类的方法声明中使用 abstract 修饰符，表明该方法是一个抽象方法，需要在子类中实现。

（3）如果一个类包含抽象函数，则这个类也是抽象类，必须使用 abstract 修饰符，并且不能实例化。

在下面的情况下，类必须是抽象类。

（1）类中包含一个明确声明的抽象方法。

（2）类的任何一个父类包含一个没有实现的抽象方法。

（3）类的直接父接口声明或者继承了一个抽象方法，并且该类没有声明或者实现该抽象方法。

3．非访问控制修饰符 final

final 可以修饰类，还可以修饰类中成员，即变量和方法。当 final 修饰类时，表示该类不能被继承；当 final 修饰变量时，表示该变量的值不能被修改；当 final 修饰方法时，表示该方法所在类的子类（若有子类）不能覆盖该方法。

1）final 修饰类

final 类不能被继承，因此 final 类的成员方法没有机会被覆盖，默认都是 final 的。设计类的时候，如果这个类不需要有子类，类的实现细节不允许改变，并且确认这个类不会再被扩展，那么就设计为 final 类。

2）final 修饰方法

如果一个类不允许其子类覆盖某个方法，则可以把这个方法声明为 final 方法。使用 final 方法的原因如下。

（1）把方法锁定，防止任何继承类修改它的意义和实现。

（2）高效。编译器在遇到调用 final 方法时会转入内嵌机制，大大提高了执行效率。

3）final 修饰变量

用 final 修饰的成员变量表示常量，值一旦给定就无法改变。final 修饰的变量有 3 种：静态变量、实例变量和局部变量，分别表示 3 种类型的常量。另外，定义 final 变量时，可以先声明而不赋初值，这种变量也称为 final 空白。无论什么情况，编译器都确保空白 final 在使用之前必须被初始化。但是，final 空白在 final 关键字 final 的使用上提供了更大的灵活性，为此，一个类中的 final 数据成员就可以实现依对象而有所不同，却又保持其恒定不变的特征。

3.6　创新素质拓展

【目的】

帮助学生使用类来封装对象的属性和功能；掌握类变量与实例变量，以及类方法与实例方法的区别；掌握使用 package 和 import 语句。同时，鼓励学生独立思考问题，并尝试解决问题，培养学生创新意识。

【要求】

编写一个 Java 应用程序，该程序中有 3 个类：Triangle、Lader 和 Circle，分别用来刻画"三角形""梯形""圆形"。具体要求如下。

（1）Triangle 类具有类型为 double 的 3 个边，以及周长、面积属性，Triangle 类具有返回周长、面积以及修改 3 个边的功能。另外，Triangle 类还具有一个 boolean 型的属性，该属性用来判断 3 个边能否构成一个三角形。

（2）Lader 类具有类型 double 的上底、下底、高、面积属性，具有返回面积的功能。

（3）Circle 类具有类型为 double 的半径、周长和面积属性，具有返回周长、面积的功能。

【程序运行效果示例】

程序运行效果如图 3.7 所示。

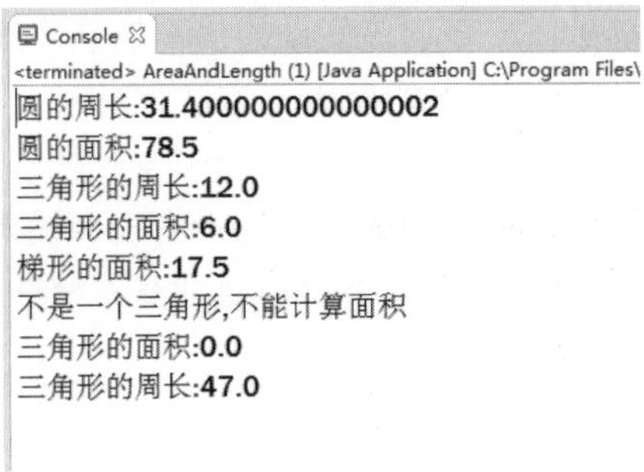

```
Console ✖
<terminated> AreaAndLength (1) [Java Application] C:\Program Files\
圆的周长:31.400000000000002
圆的面积:78.5
三角形的周长:12.0
三角形的面积:6.0
梯形的面积:17.5
不是一个三角形,不能计算面积
三角形的面积:0.0
三角形的周长:47.0
```

图 3.7　程序运行效果图

【程序模板】

AreaAndLength.java

```java
class Triangle
{
    double sideA,sideB,sideC,area,length;
    boolean boo;
    public Triangle(double a,double b,double c)
    {
        【代码 1】          //参数 a、b、c 分别赋值给 sideA、sideB、sideC
        if(【代码 2】)      //a、b、c 构成三角形的条件表达式
        {
            【代码 3】      //给 boo 赋值
        }
        else
        {
            【代码 4】      //给 boo 赋值
        }
    }
    double getLength()
    {
        【代码 5】          //方法体,要求计算出 length 的值并返回
    }
    public double getArea()
    {
        if(boo)
        {
            double p=(sideA+sideB+sideC)/2.0;
            area=Math.sqrt(p*(p-sideA)*(p-sideB)*(p-sideC)) ;
            return area;
        }
        else
        {
            System.out.println("不是一个三角形,不能计算面积");
            return 0;
        }
    }
```

```
    public void setABC(double a,double b,double c)
    {
        【代码 6】            //参数 a、b、c 分别赋值给 sideA、sideB、sideC
        if(【代码 7】)        //a、b、c 构成三角形的条件表达式
        {
            【代码 8】        //给 boo 赋值
        }
        else
        {
            【代码 9】        //给 boo 赋值
        }
    }
}
class Lader
{
    double above,bottom,height,area;
    Lader(double a,double b,double h)
    {
        【代码 10】       //方法体，将参数 a、b、c 分别赋值给 above、bottom、height
    }
    double getArea()
    {
        【代码 11】       //方法体，要求计算出 area 返回
    }
}

class Circle
{
    double radius,area;
    Circle(double r)
    {
        【代码 12】   //方法体
    }
    double getArea()
    {
        【代码 13】       //方法体，要求计算出 area 返回
    }
    double getLength()
    {
        【代码 14】       //getArea 方法体的代码，要求计算出 length 返回
    }
    void setRadius(double newRadius)
    {
        radius=newRadius;
    }
    double getRadius()
    {
        return radius;
    }
```

```
    }
public class AreaAndLength
{
    public static void main(String args[])
    {
        double length,area;
        Circle circle=null;
        Triangle triangle;
        Lader lader;
        【代码 15】    //创建对象 circle
        【代码 16】    //创建对象 triangle
        【代码 17】    //创建对象 lader
        【代码 18】     //circle 调用方法返回周长并赋值给 length
        System.out.println("圆的周长:"+length);
        【代码 19】     //circle 调用方法返回面积并赋值给 area
        System.out.println("圆的面积:"+area);
        【代码 20】     //triangle 调用方法返回周长并赋值给 length
        System.out.println("三角形的周长:"+length);
        【代码 21】     //triangle 调用方法返回面积并赋值给 area
        System.out.println("三角形的面积:"+area);
        【代码 22】     //lader 调用方法返回面积并赋值给 area
        System.out.println("梯形的面积:"+area);
        【代码 23】     //triangle 调用方法设置 3 个边，要求将 3 个边修改为 12、34、1
        【代码 24】     //triangle 调用方法返回面积并赋值给 area
        System.out.println("三角形的面积:"+area);
        【代码 25】     //triangle 调用方法返回周长并赋值给 length
        System.out.println("三角形的周长:"+length);
    }
}
```

【思考题】

1．程序中仅仅省略【代码 15】，编译能通过吗？

2．程序中仅仅省略【代码 16】，编译能通过吗？

3．程序中仅仅省略【代码 15】，运行时会出现怎样的异常提示？

4．给 Triangle 类增加 3 个方法，分别用来返回 3 个边：sideA、sideB 和 sideC。

5．让 AreaAndLength 类中的 circle 对象调用方法修改半径，然后输出修改后的半径以及修改半径后的圆的面积和周长。

3.7 本 章 练 习

1．程序员可以将多个 Java 类写在一个 Java 文件中，但其中只有一个类能用_____修饰，并且这个 Java 文件的名称必须与这个类的类名相同。

2．请描述面向过程和面向对象的区别，并用自己的语言总结面向对象的优势和劣势。

3．面向对象有哪些特性？什么是封装？

4．请描述构造方法有哪些特点。

5．在使用 new 关键字创建并初始化对象的过程中，具体的初始化过程分为哪 4 步？

6．编写一个可以显示员工 ID 和员工姓名的程序。命名用两个类，第一个类包括设置员工 ID 和员工姓名的方法；另一个类用来创建员工对象，并使用对象调用方法。源程序保存为 Employee.java。

7．编写一个程序，定义一个表示学生的类 Student 和一个 TestStudent 类。Student 类包括学号、姓名、性别、年龄和 3 门课程成绩的信息数据，以及用来获得和设置学号、姓名、性别、年龄和 3 门成绩的方法。在 TestStudent 类中生成 5 个学生对象，计算 3 门课程的平均成绩，以及某门课程的最高分和最低分。

第4章　抽象类和接口

 **本章简介**

　　通过第 3 章面向对象的学习，深入体会到抽象、封装、继承和多态这些特性如何在面向对象分析设计中的运用，这也是 Java 基础课程中核心章节之一。接下来，要着重讲解 Java 中另外一个非常重要的概念——接口。在编程中常说"面向接口编程"，可见接口在程序设计中的重要性。本章还会介绍抽象类的概念，以及抽象类和接口的区别。

学习任务工单

专业名称		所在班级		级　　班
课程名称	Java 程序设计			
工学项目	货车的装载量			
所属任务	理解面向对象继承与多态的概念及使用			
知识点	了解抽象类的概念和接口的概念			
技能点	掌握抽象类的应用和接口的应用			
操作标准				
评价标准	S	A	B	C	D
自我评价	级				
温习计划					
作业目标					

教学标准化清单

专业名称		所在班级		级　　班
课程名称	Java 程序设计	工学项目		货车的装载量
教学单元		练习单元		
教学内容	教学时长	练习内容		练习时长
抽象类的概念、使用、特征	30 分钟	利用思维导图工具将本节所学的术语及编码方式进行整理		20 分钟
接口的概念、使用、特征	60 分钟	利用思维导图工具将本节所学的术语及编码方式进行整理		30 分钟
抽象类的应用和接口的应用	120 分钟	利用思维导图工具将本节所学的术语及编码方式进行整理		60 分钟

4.1　抽　象　类

　　在面向对象的世界里，所有对象都是通过类来实例化的，但并不是所有的类都是直接用来实例化对象的。如果一个类中没有包含足够的信息来描绘一个具体的事务，这样的类可以形成抽象类。

　　抽象类往往用来表示在对事务进行分析、设计后得出的抽象概念，是对一系列看上去不同，但是本质上相同的具体概念的抽象。例如，如果进行一个图形编辑软件的开发，就会发现需要操作圆、三角形这样一些具体的图形概念。这些具体的概念虽然是不同的，但是它们又都属于形状这样一个不是真实存在的抽象概念，这个抽象的概念是不能实例化出一个具体的形状对象的。

4.1.1　抽象类的概念

　　在面向对象分析和设计的过程中，经过抽象、封装和继承的分析之后，会创建一个抽象的父类，该父类定义了其所有子类共享的一般形式，具体细节由子类来完成。

　　这样的父类作为规约，其需要子类完成的方法在父类中往往是空方法，方法本身没有实际意义。而且这些父类本身就比较抽象，根据这些抽象的父类实例化出的对象通常也缺乏实际意义，更多的是利用父类的规约创建出子类，再使用子类实例化出有意义的对象。

　　Java 中提供了一种专门供子类来继承的类，这个类就是抽象类，其语法形式如下。

```
修饰符 abstract class 类名{}
```

　　Java 也提供了一种特殊的方法，这个方法不是一个完整的方法，只含有方法的声明，没有方法体，这样的方法叫作抽象方法，其语法形式如下。

```
其他修饰符 abstract 返回值 方法名();
```

4.1.2　抽象类的使用

接下来通过一个例子，了解抽象类的使用。

现有 Person 类、Chinese 类和 American 类 3 个类，其中，Person 类为抽象类，含有 eat() 和 work() 两个抽象方法，其类关系如图 4.1 所示。

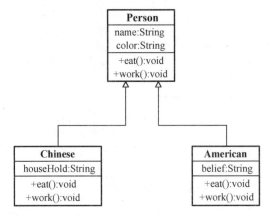

图 4.1　抽象类之间的类图关系

Person 类的代码如下。

```java
abstract class Person
{
        String name = "人";
        String color = "肤色";
        //定义吃饭的抽象方法 eat()
        public abstract void eat();
        //定义工作的抽象方法 work()
        public abstract void work();
}
```

Chinese 类的代码如下。

```java
//子类 Chinese 继承自抽象父类 Person
class Chinese extends Person
{
        String houseHold = "北京";                    //户口

        //实现父类 eat()的抽象方法
        public void eat()
        {
                System.out.println("中国人用筷子吃饭！");
        }
        //实现父类 work()的抽象方法
        public void work()
```

```
    {
        System.out.println("中国人勤劳工作！");
    }
}
```

American 类的代码如下。

```
//子类 American 继承自抽象父类 Person
class American extends Person
{
    String belief = "基督教";                    //信仰

    //实现父类 eat()的抽象方法
    public void eat()
    {
        System.out.println("美国人用刀叉吃饭！");
    }
    //实现父类 work()的抽象方法
    public void work()
    {
        System.out.println("美国人快乐工作！");
    }
}
```

测试类代码如下。

```
class TestAbstract
{
    public static void main(String[] args)
    {
        Person liuHL = new Chinese();            //创建一个中国人对象
        System.out.println("***中国人的行为***");
        liuHL.eat();                             //调用中国人吃饭的方法
        liuHL.work();                            //调用中国人工作的方法
        Person jacky = new American();           //创建一个美国人对象
        System.out.println("***美国人的行为***");
        jacky.eat();                             //调用美国人吃饭的方法
        jacky.work();                            //调用美国人工作的方法
    }
}
```

程序运行结果如图 4.2 所示。

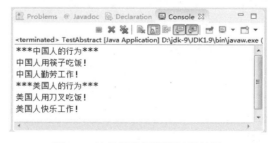

图 4.2　抽象类使用程序运行结果

4.1.3　抽象类的特征

在上面例子的基础上，可以进一步了解抽象类的特征。

（1）抽象类不能被直接实例化。

例如，在测试类代码中写如下语句。

```
Person liuHL = new Person();
```

编译时就会报错，提示抽象类无法被实例化，如图 4.3 所示。

```
---------- JAVAC ----------
TestAbstract.java:5: Person 是抽象的; 无法对其进行实例化
        Person liuHL = new Person();//创建一个Person对象;
                           ^
1 错误

输出完成 (耗时 2 秒) - 正常终止
```

图 4.3　抽象类无法被实例化

（2）抽象类的子类必须实现抽象方法，除非子类也是抽象类。

抽象类是父类对子类的规约，要求子类必须实现抽象父类的抽象方法。例如，如果将 Chinese 类的 work()方法变为注释，使抽象类中的抽象方法没有被子类实现，编译时就会报错，如图 4.4 所示。

```
---------- JAVAC ----------
Chinese.java:2: Chinese 不是抽象的, 并且未覆盖 Person 中的抽象方法 work()
class Chinese extends Person
^
1 错误

输出完成 (耗时 2 秒) - 正常终止
```

图 4.4　抽象方法必须被实现

（3）抽象类里可以有普通方法，也可以有抽象方法，但是有抽象方法的类必须是抽象类。

去掉 Person 类前的 abstract 关键字，使 Person 类不再是抽象类，却含有抽象方法，编译时就会报错，如图 4.5 所示。

```
---------- JAVAC ----------
Person.java:1: Person 不是抽象的, 并且未覆盖 Person 中的抽象方法 work()
class Person
^
1 错误

输出完成 (耗时 2 秒) - 正常终止
```

图 4.5　有抽象方法的类必须是抽象类

 注意：抽象类里面也可以没有抽象方法，只是要把原来的类前面加上 abstract 关键字，使其变为抽象类。

4.2　抽象类的应用

"租车系统"要展示租车清单，包含品牌、油量等基本信息，很自然地就会想到，之前 Vehicle 类中的 show()方法是一个空方法，没有实际意义，所以可以把它定义为抽象方法。

另外，在讲解继承时，Truck 类重写了 Vehicle 类的 drive()方法，而且通过需求可以判断出，如果还有其他类需要继承 Vehicle 类，也可能需要重写 drive()方法，实现各自行驶的功能。所以，可以把 Vehicle 类的 drive()方法定义为抽象方法，把原来 Vehicle 类中 drive()方法的方法体实现代码移到 Car 类中，相当于 Car 类实现 Vehicle 类 drive()抽象方法。

修改后 Vehicle 类的代码如下。

```java
package com.bd.zuche;
//车类，是父类，抽象类
public abstract class Vehicle
{
        String name = "汽车";                //车名
        int oil = 20;                        //油量
        int loss = 0;                        //车损度

        //抽象方法，显示车辆信息
        public abstract void show();
        //抽象方法，行驶
        public abstract void drive();
        //加油
        public void addOil()
        {
            if(oil > 40)
            {
                oil = 60;
                System.out.println("油箱已加满!");
            }else{
                oil = oil + 20;
            }
            System.out.println("加油完成!");
        }
        //省略了构造方法、getter 方法
}
```

Car 类的代码如下。

```java
package com.bd.zuche;
//轿车类，是子类，继承 Vehicle 类
public class Car extends Vehicle
{
    private String brand = "红旗";          //品牌
    //子类重写父类的 show()抽象方法
```

```
    public void show()
    {
        System.out.println("显示车辆信息：\n 车辆名称为：" + this.name + " 品牌是：" + this.brand + "
油量是：" + this.oil + " 车损度为：" + this.loss);
        //System.out.println("显示车辆信息：\n 车辆名称为：" + getName() + " 品牌是：" + this.brand + "
        //油量是：" + getOil() + " 车损度为：" + getLoss());
    }
    //子类重写父类的 drive()抽象方法
    public void drive()
    {
        if(oil < 10)
        {
            System.out.println("油量不足 10 升，需要加油！");
        }else{
            System.out.println("正在行驶!");
            oil = oil - 5;
            loss = loss + 10;
        }
    }
    //省略了构造方法、getter 方法
}
```

Truck 类和 Driver 类的代码都没发生变化，运行测试类代码如下。

```
import com.bd.zuche.*;
class TestZuChe
{
    public static void main(String[] args)
    {
        Vehicle car = new Car("战神","长城");              //初始化轿车对象 car
        Vehicle truck = new Truck("大力士二代","10 吨");      //初始化卡车对象 truck
        Driver d1 = new Driver("柳海龙");                   //创建并初始化驾驶员对象
        d1.callShow(car);                                //调用驾驶员对象的相应方法
        d1.callShow(truck);                              //调用驾驶员对象的相应方法

    }
}
```

运行结果如图 4.6 所示。

图 4.6 用抽象类完成"租车系统"程序的运行结果

4.3　接　　口

4.1 节详细介绍了抽象类，提到抽象类中可以有抽象方法，也可以有普通方法，但是有抽象方法的类必须是抽象类。如果抽象类中的方法都是抽象方法，那么由这些抽象方法组成的特殊的抽象类就是所说的接口。

4.3.1　接口的概念

接口是一系列方法的声明，是一些抽象方法的集合。一个接口只有方法的声明，没有方法的实现，因此，这些方法可以在不同的地方被不同的类实现，而这些实现类可以具有不同的行为。

虽然接口是一种特殊的抽象类，但是在面向对象编程的设计思想层面，两者还是有显著区别的。抽象类更侧重于对相似的类进行抽象，形成抽象的父类以供子类继承使用，而接口往往在程序设计时，定义模块与模块之间应满足的规约，使各模块之间能协调工作。接下来通过一个实际的例子来说明接口的作用。

如今，蓝牙技术已经在社会生活中广泛应用。移动电话、蓝牙耳机、蓝牙鼠标、平板电脑等 IT 设备都支持蓝牙实现设备间短距离通信。那为什么这些不同的设备能通过蓝牙技术进行数据交换呢？其本质在于蓝牙提供了一组规范和标准，规定了频段、速率、传输方式等要求，各设备制造商按照蓝牙规范约定制造出来的设备，就可以按照约定的模式实现短距离通信。蓝牙提供的这组规范和标准，就是所谓的接口。

蓝牙接口创建和使用步骤如下。

（1）各相关组织、厂商约定蓝牙接口标准。

（2）相关设备制造商按约定接口标准制作蓝牙设备。

（3）符合蓝牙接口标准的设备可以实现短距离通信。

Java 接口定义的语法形式如下。

```
[修饰符] interface  接口名  [extends] [接口列表]{
    接口体
}
```

interface 前的修饰符是可选的，当没有修饰符时，表示此接口的访问只限于同包的类和接口。如果使用修饰符，则只能用 public 修饰符，表示此接口是公有的，在任何地方都可以引用它，这一点和类是相同的。

接口和类是同一层次的，所以接口名的命名规则参考类名命名规则即可。

extends 关键词和类语法中的 extends 类似，都是用来定义直接的父接口。和类不同，一个接口可以继承多个父接口，当 extends 后面有多个父接口时，它们之间用逗号隔开。

接口体就是用花括号括起来的那部分，接口体里定义接口的成员包括常量和抽象方法。

类实现接口的语法形式如下。

```
[类修饰符] class 类名 implements 接口列表{
    类体
}
```

类实现接口用 implements 关键字，Java 中的类只能单继承，但一个 Java 类可以实现多个接口，这也是 Java 解决多继承的方法。

下面通过代码来模拟蓝牙接口规范的创建和使用步骤。

（1）定义蓝牙接口。

假设蓝牙接口通过 input()和 output()两个方法提供服务，这时就需要在蓝牙接口中定义这两个抽象方法，具体代码如下。

```java
//定义蓝牙接口
public interface BlueTooth
{
    //提供输入服务
    public void input();
    //提供输出服务
    public void output();
}
```

（2）定义蓝牙耳机类，实现蓝牙接口。

```java
public class Earphone implements BlueTooth
{
    String name = "蓝牙耳机";
    //实现蓝牙耳机输入功能
    public void input()
    {
        System.out.println(name + "正在输入音频数据...");
    }
    //实现蓝牙耳机输出功能
    public void output()
    {
        System.out.println(name + "正在输出反馈信息...");
    }
}
```

（3）定义 IPad 类，实现蓝牙接口。

```java
public class IPad implements BlueTooth
{
    String name = "iPad";
    //实现 iPad 输入功能
    public void input()
    {
        System.out.println(name + "正在输入数据...");
    }
    //实现 iPad 输出功能
    public void output()
```

```
    {
        System.out.println(name + "正在输出数据...");
    }
}
```

编写测试类，对蓝牙耳机类和 IPad 类进行测试，代码如下，运行结果如图 4.7 所示。

```
public class TestInterface
{
    public static void main(String[] args)
    {
        BlueTooth ep = new Earphone();      //创建并实例化一个实现了蓝牙接口的蓝牙耳机对象 ep
        ep.input();                          //调用 ep 的输入功能
        BlueTooth ip = new IPad();           //创建并实例化一个实现了蓝牙接口的 iPad 对象 ip
        ip.input();                          //调用 ip 的输入功能
        ip.output();                         //调用 ip 的输出功能
    }
}
```

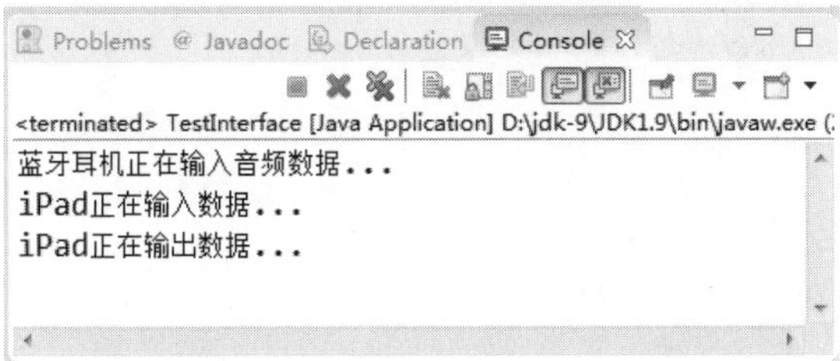

图 4.7　蓝牙接口使用程序运行结果

4.3.2　接口的使用

电子邮件现在是人们广泛使用的一种信息沟通形式，要创建一封电子邮件，至少需要发信者邮箱、收信者邮箱、邮件主题和邮件内容 4 个部分。可以采用接口定义电子邮件的这些约定，让电子邮件类必须实现这个接口，从而达到让电子邮件必须满足这些约定的要求。

1. 定义电子邮件接口

具体代码如下。

```
public interface EmailInterface
{
    //设置发信者邮箱
    public void setSendAdd(String add);
    //设置收信者邮箱
    public void setReceiveAdd(String add);
    //设置邮件主题
    public void setEmailTitle(String title);
    //设置邮件内容
    public void writeEmail(String email);
}
```

2. 定义邮箱类，实现 EmailInterface 接口

在实现接口中抽象方法的同时，邮箱类本身还有一个 showEmail()方法。具体代码如下。

```java
import java.util.Scanner;
//定义 Email，实现 Email 接口
public class Email implements EmailInterface
{
    String sendAdd = "";                      //发信者邮箱
    String receiveAdd = "";                   //收信者邮箱
    String emailTitle = "";                   //邮件主题
    String email = "";                        //邮件内容
    //实现设置发信者邮箱
    public void setSendAdd(String add)
    {
        this.sendAdd = add;
    }
    //实现设置收信者邮箱
    public void setReceiveAdd(String add)
    {
        this.receiveAdd = add;
    }
    //实现设置邮件主题
    public void setEmailTitle(String title)
    {
        this.emailTitle = title;
    }
    //实现设置邮件内容
    public void writeEmail(String email)
    {
        this.email = email;
    }
    //显示邮件全部信息
    public void showEmail()
    {
        System.out.println("***显示电子邮件内容***");
        System.out.println("发信者邮箱：" + sendAdd);
        System.out.println("收信者邮箱：" + receiveAdd);
        System.out.println("邮件主题：" + emailTitle);
        System.out.println("邮件内容：" + email);
    }
}
```

3. 定义一个邮件作者类

邮件作者类中含静态方法 writeEmail(EmailInterface email)，用于写邮件，具体代码如下。

```java
class EmailWriter
{
```

```
//定义写邮件的静态方法，形参是 EmailInterface 接口
public static void writeEmail(EmailInterface email)
{
    Scanner input = new Scanner(System.in);
    System.out.print("请输入发信者邮箱：");
    email.setSendAdd(input.next());
    System.out.print("请输入收信者邮箱：");
    email.setReceiveAdd(input.next());
    System.out.print("请输入邮件主题：");
    email.setEmailTitle(input.next());
    System.out.print("请输入邮件内容：");
    email.writeEmail(input.next());
    //email.showEmail();//编译无法通过，因为形参 email 是 EmailInterface 接口，没有此方法
}
}
```

4．编写测试类

测试类代码首先创建并实例化出一个实现了电子邮件接口的对象 email，然后调用 EmailWriter 类的静态方法 writeEmail 写邮件，最后将 email 对象强制类型转换成 Email 对象（不提倡此做法），调用 Email 类的 showEmail()方法。具体代码如下，程序运行结果如图 4.8 所示。

```
public class TestInterface2
{
    public static void main(String[] args)
    {
        //创建并实例化一个实现了电子邮件接口的对象 email
        EmailInterface email = new Email();
        //调用 EmailWriter 类的静态方法 writeEmail()写邮件
        EmailWriter.writeEmail(email);
        //强制类型转换，调用 Email 类的 showEmail()方法（不是接口方法）
        ((Email)email).showEmail();
    }
}
```

图 4.8　电子邮箱接口的使用程序运行结果

4.3.3 接口的特征

接下来，逐个了解接口有哪些特征。

（1）接口中不允许有实体方法。

例如，在 EmailInterface 接口中增加下面所示的实体方法。

```
//显示邮件全部信息
public void showEmail()
{
}
```

编译时就会报错，提示接口中不能有实体方法，如图 4.9 所示。

```
---------- JAVAC ----------
EmailInterface.java:14: 接口方法不能带有主体
    {
    ^
1 错误

输出完成 (耗时 2 秒) - 正常终止
```

图 4.9　接口中不能有实体方法

（2）接口中可以有成员变量，默认修饰符是 public static final，接口中的抽象方法必须用 public 修饰。

在 EmailInterface 接口中，增加邮件发送端口号的成员变量 sendPort，代码如下。

```
int sendPort = 25;        //必须赋静态最终值
```

在 Email 类的 showEmail()方法中增加语句"System.out.println("发送端口号： " + sendPort);"，含义为访问 EmailInterface 接口中的 sendPort 并显示出来，具体代码如下。

```
//显示邮件全部信息
public void showEmail()
{
    System.out.println("***显示电子邮件内容***");
    System.out.println("发送端口号： " + sendPort);
    System.out.println("发信者邮箱： " + sendAdd);
    System.out.println("收信者邮箱： " + receiveAdd);
    System.out.println("邮件主题： " + emailTitle);
    System.out.println("邮件内容： " + email);
}
```

EmailWriter 类和 TestInterface2 类的代码不需要调整，运行 TestInterface2 类，程序运行结果如图 4.10 所示。

（3）一个类可以实现多个接口。

假设一个邮件，不仅需要符合 EmailInterface 接口对电子邮件规范的要求，而且需要符合对发送端和接收端端口号接口规范的要求，才允许成为一个合格的电子邮件。

图 4.10　接口中成员变量的使用

发送端和接收端端口号接口的代码如下。

```
//定义发送端和接收端端口号接口
public interface PortInterface
{
    //设置发送端端口号
    public void setSendPort(int port);
    //设置接收端端口号
    public void setReceivePort(int port);
}
```

则 Email 类不仅要实现 EmailInterface 接口，还要实现 PortInterface 接口，同时类方法中必须实现 PortInterface 接口的抽象方法。Email 类的代码如下。

```
import java.util.Scanner;
//定义 Email，实现 EmailInterface 和 PortInterface 接口
public class Email implements EmailInterface,PortInterface
{
    int sendPort = 25;              //发送端端口号
    int receivePort = 110;          //接收端端口号
    //实现设置发送端端口号
    public void setSendPort(int port)
    {
        this.sendPort = port;
    }
    //实现设置接收端端口号
    public void setReceivePort(int port)
    {
        this.receivePort = port;
    }
    //显示邮件全部信息
    public void showEmail()
    {
        System.out.println("***显示电子邮件内容***");
```

```
        System.out.println("发送端口号: " + sendPort);
        System.out.println("接收端口号: " + receivePort);
        System.out.println("发信者邮箱: " + sendAdd);
        System.out.println("收信者邮箱: " + receiveAdd);
        System.out.println("邮件主题: " + emailTitle);
        System.out.println("邮件内容: " + email);
    }
    //省略了其他属性和方法的代码
}
```

修改 EmailWriter 类和 TestInterface2（形成 TestInterface3）类时，尤其需要注意的是
EmailWriter 类的静态方法 writeEmail(Email email)中的形参不再是 EmailInterface 接口，而是
Email 类，否则无法在 writeEmail 方法中调用 PortInterface 接口的方法。不过这样做属于非面
向接口编程，不提倡。类似地，TestInterface3 代码中声明 email 对象时，也从 EmailInterface
接口调整成 Email 类。具体代码如下。

```
import java.util.Scanner;
//定义邮件作者类
class EmailWriter
{
    //定义写邮件的静态方法，形参是 Email 类（非面向接口编程）
    //形参不能是 EmailInterface 接口，否则无法调用 PortInterface 接口的方法
    public static void writeEmail(Email email)
    {
        Scanner input = new Scanner(System.in);
        System.out.print("请输入发送端口号: ");
        email.setSendPort(input.nextInt());
        System.out.print("请输入接收端口号: ");
        email.setReceivePort(input.nextInt());
        System.out.print("请输入发信者邮箱: ");
        email.setSendAdd(input.next());
        System.out.print("请输入收信者邮箱: ");
        email.setReceiveAdd(input.next());
        System.out.print("请输入邮件主题: ");
        email.setEmailTitle(input.next());
        System.out.print("请输入邮件内容: ");
        email.writeEmail(input.next());
    }
}
public class TestInterface3
{
    public static void main(String[] args)
    {
        //创建并实例化一个 Email 类的对象 email
        Email email = new Email();
        //调用 EmailWriter 的静态方法 writeEmail()写邮件
        EmailWriter.writeEmail(email);
```

```
        //调用 Email 类的 showEmail()方法（不是接口方法）
        email.showEmail();
    }
}
```

程序运行结果如图 4.11 所示。

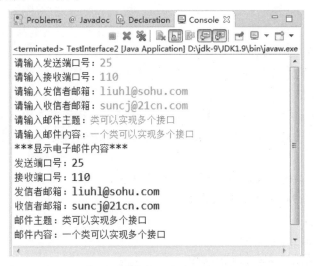

图 4.11 实现多个接口的类程序运行结果

（4）接口可以继承其他接口，实现接口合并的功能。

在刚才的代码中，让一个类实现了多个接口，但是再调用这个类时，形参就必须是这个类，而不能是该类实现的某个接口。这样做不是面向接口编程，程序的多态性得不到充分的体现。接下来在刚才例子的基础上，用接口继承的方式解决这个问题。

EmailInterface 类的代码如下。

```
//定义电子邮件接口，继承 PortInterface 接口
public interface EmailInterface extends PortInterface
{
    //设置发信者邮箱
    public void setSendAdd(String add);
    //设置收信者邮箱
    public void setReceiveAdd(String add);
    //设置邮件主题
    public void setEmailTitle(String title);
    //设置邮件内容
    public void writeEmail(String email);
}
```

PortInterface 接口、Email 类的代码不用调整，EmailWriter 类和测试类 TestInterface3 中的声明为 Email 类，改回 EmailInterface 接口的声明，这样程序又恢复了面向接口编程的特性，可以实现多态性。

4.3.4 接口的应用

在接口的应用中有一个非常典型的案例，就是实现打印机系统的功能。在打印机系统中，有打印机对象、墨盒对象（可以是黑白墨盒，也可以是彩色墨盒）、纸张对象（可以是 A4 纸，也可以是 B5 纸）。怎么能让打印机、墨盒和纸张这些生产厂商生产的各自不同的设备组装在一起成为打印机，却能正常打印呢？解决的办法就是接口。

打印机系统开发的主要步骤如下。

（1）打印机和墨盒之间需要接口，定义为墨盒接口 PrintBox，打印机和纸张之间需要接口，定义为纸张接口 PrintPaper。

（2）定义打印机类，引用墨盒接口 PrintBox 和纸张接口 PrintPaper，实现打印功能。

（3）定义黑白墨盒和彩色墨盒实现墨盒接口 PrintBox，定义 A4 纸和 B5 纸实现纸张接口 PrintPaper。

（4）编写打印系统，调用打印机实施打印功能。

PrintBox 和 PrintPaper 接口的代码如下。

```java
//墨盒接口
public interface PrintBox {
    //得到墨盒颜色，返回值为墨盒颜色
    public String getColor();
}
//纸张接口
public interface PrintPaper {
    //得到纸张尺寸，返回值为纸张尺寸
    public String getSize();
}
```

打印机类 Printer 的代码如下。

```java
//打印机类
public class Printer{
    //使用墨盒在纸张上打印
    public void print(PrintBox box,PrintPaper paper){
        System.out.println("正在使用" + box.getColor() + "墨盒在" + paper.getSize() + "纸张上打印！");
    }
}
```

黑白墨盒类 GrayPrintBox 和彩色墨盒类 ColorPrintBox 的代码如下。

```java
//黑白墨盒，实现了墨盒接口
public class GrayPrintBox implements PrintBox {
    //实现 getColor()方法，得到“黑白”
    public String getColor() {
        return "黑白";
    }
}
```

```java
//彩色墨盒，实现了墨盒接口
public class ColorPrintBox implements PrintBox {
    //实现 getColor()方法，得到"彩色"
    public String getColor() {
        return "彩色";
    }
}
```

A4 纸类 A4Paper 和 B5 纸类 B5Paper 的代码如下。

```java
//A4 纸张，实现了纸张接口
public class A4Paper implements PrintPaper {
    //实现 getSize()方法，得到"A4"
    public String getSize() {
        return "A4";
    }
}
//B5 纸张，实现了纸张接口
public class B5Paper implements PrintPaper {
    //实现 getSize()方法，得到"B5"
    public String getSize() {
        return "B5";
    }
}
```

编写打印系统，代码如下，程序运行结果如图 4.12 所示。

```java
public class TestPrinter {
    public static void main(String[] args) {
        PrintBox box = null;                    //墨盒
        PrintPaper paper = null;                //纸张
        Printer printer = new Printer();        //打印机
        //使用彩色墨盒在 B5 纸上打印
        box = new ColorPrintBox();
        paper = new B5Paper();
        printer.print(box, paper);
        //使用黑白墨盒在 A4 纸上打印
        box = new GrayPrintBox();
        paper = new A4Paper();
        printer.print(box, paper);
    }
}
```

图 4.12　打印系统接口程序运行结果

4.4 创新素质拓展

4.4.1 评价成绩

【目的】

让学生掌握类怎样实现接口。

【要求】

体操比赛计算选手成绩的办法是去掉一个最高分和一个最低分后再计算平均分，而学校考查一个班级的某科目的考试情况时，是计算全班同学的平均成绩。Gymnastics 类和 School 类都实现了 ComputerAverage 接口，但实现的方式不同。

【程序运行效果示例】

程序运行效果如图 4.13 所示。

图 4.13 计算评价成绩的程序运行结果

【程序模板】

Estimator.java

```java
interface ComputerAverage {
    public double average(double x[]);
}
class Gymnastics implements ComputerAverage {
    public double average(double x[]) {
        int count=x.length;
        double aver=0,temp=0;
        for(int i=0;i<count;i++) {
            for(int j=i;j<count;j++) {
                if(x[j]<x[i]) {
                    temp=x[j];
                    x[j]=x[i];
                    x[i]=temp;
                }
            }
        }
        for(int i=1;i<count-1;i++) {
            aver=aver+x[i];
        }
```

```
            if(count>2)
                aver=aver/(count-2);
            else
                aver=0;
            return aver;
        }
    }
    class School implements ComputerAverage {
        【代码 1】 //重写 public double average(double x[])方法，返回数组 x[]元素的算术平均值
    }
    public class Estimator{
        public static void main(String args[]) {
            double a[] = {9.89,9.88,9.99,9.12,9.69,9.76,8.97};
            double b[] ={89,56,78,90,100,77,56,45,36,79,98};
            ComputerAverage computer;
            computer=new Gymnastics();
            double result= 【代码 2】 //computer 调用 average(double x[])方法，将数组 a 传递给参数 x
            System.out.printf("%n");
            System.out.printf("体操选手最后得分：%5.3f\n",result);
            computer=new School();
            result=【代码 3】 //computer 调用 average(double x[])方法，将数组 b 传递给参数 x
            System.out.printf("班级考试平均分数：%-5.2f",result);
        }
    }
```

【知识点链接】

接口体中只有常量的声明（没有变量）和抽象方法声明。而且接口体中所有的常量的访问权限一定都是 public（允许省略 public、final 修饰符），所有的抽象方法的访问权限一定都是 public（允许省略 public、abstract 修饰符）。

接口由类去实现，以便绑定接口中的方法。一个类可以实现多个接口，类通过使用关键字 implements 声明自己实现一个或多个接口。如果一个非抽象类实现了某个接口，那么这个类必须重写该接口的所有方法。

【思考题】

School 类如果不重写 public double average(double x[])方法，程序编译时提示怎样的错误？

4.4.2　货车的装载量

【目的】

让学生掌握接口回调技术。

【要求】

货车要装载一批货物，货物由 3 种商品组成：电视、计算机和洗衣机。上车需要计算出整批货物的重量。

要求有一个 ComputerWeight 接口，接口中有一个方法：

```
public double computerWeight()
```

有 3 个实现该接口的类：Television、Computer 和 WashMachine。这 3 个类通过实现接口 computerTotalSales 给出自重。

有一个 Truck 类，该类用 ComputerWeight 接口类型的数组作为成员（Truck 类面向接口），那么该数组的单元就可以存放 Television 对象的引用、Computer 对象的引用或 WashMachine 对象的引用。程序能输出 Truck 对象所装载的货物的总重量。

【程序运行效果示例】

程序运行效果如图 4.14 所示。

图 4.14　货车的装载量

【程序模板】

CheckCarWeight.java

```
interface ComputerWeight {
    public double computerWeight();
}
class Television implements ComputerWeight {
    【代码 1】 //重写 computerWeight()方法
}
class Computer implements ComputerWeight {
    【代码 2】 //重写 computerWeight()方法
}
class WashMachine implements ComputerWeight {
    【代码 3】 //重写 computerWeight()方法
}
class Truck {
    ComputerWeight [] goods;
    double totalWeights=0;
    Truck(ComputerWeight[] goods) {
        this.goods=goods;
    }
    public void setGoods(ComputerWeight[] goods) {
        this.goods=goods;
    }
    public double getTotalWeights() {
        totalWeights=0;
        【代码 4】 //计算 totalWeights
```

```
        return totalWeights;
    }
}
public class CheckCarWeight {
    public static void main(String args[]) {
        ComputerWeight[] goods=new ComputerWeight[650];      //650 件货物
        for(int i=0;i<goods.length;i++) {                    //简单分成 3 类
            if(i%3==0)
              goods[i]=new Television();
            else if(i%3==1)
              goods[i]=new Computer();
            else if(i%3==2)
              goods[i]=new WashMachine();
        }
        Truck truck=new Truck(goods);
        System.out.printf("\n 货车装载的货物重量：%-8.5f kg\n",truck.getTotalWeights());
        goods=new ComputerWeight[68];                        //68 件货物
        for(int i=0;i<goods.length;i++) {                    //简单分成两类
            if(i%2==0)
              goods[i]=new Television();
            else
              goods[i]=new WashMachine();
        }
        truck.setGoods(goods);
        System.out.printf("货车装载的货物重量：%-8.5f kg\n",truck.getTotalWeights());
    }
}
```

【知识点链接】

　　接口回调是多态的另一种体现。接口回调是指可以把使用某一接口的类创建的对象的引用赋给该接口声明的接口变量中，那么该接口变量就可以调用被类实现的接口中的方法，当接口变量调用被类实现的接口中的方法时，就是通过相应的对象调用接口的方法，这一过程称为对象功能的接口回调。不同的类在使用同一接口时，可能具有不同的功能体现，即接口的方法体不必相同，因此，接口回调可能产生不同的行为。

【思考题】

　　1．在上面程序的基础上再编写一个实现 ComputerWeight 接口的类，如 Refrigerrator。这样一来，货车装载的货物中就可以有 Refrigerrator 类型的对象。

　　2．当系统增加一个实现 ComputerWeight 接口的类后，Truck 类需要进行修改吗？

4.5　本 章 练 习

1．下列关于抽象类和接口描述正确的是（　　　）。（选择一项）

　　A．抽象类必须含有抽象方法

    B．接口中不可以有普通方法

    C．抽象类可以继承多个类，实现多继承

    D．接口中可以定义局部变量

2．接口的成员变量默认的修饰符是_____、_____、_____。

3．请描述抽象类和接口的区别（含使用范围）。

4．简述 final 变量、final 方法和 final 类的不同。

5．使用一个类直接实现多个接口，或通过接口间继承形成一个扩展接口再让类继承，这两种方式都可以让类实现多个接口，它们在使用上的差别是什么？

第5章 异常的捕获及处理

 **本章简介**

异常指程序运行过程中出现的非正常现象,例如,用户输入错误、除数为零、需要处理的文件不存在、数组下标越界等。所谓异常处理,就是指程序在出现问题时依然可以正确地执行完。

异常是 Java 的一个重大特色,合理地使用异常处理,可以让我们的程序更加健壮。本章将介绍异常的基本概念以及相关的处理方式。

学习任务工单

专业名称		所在班级	级	班
课程名称	Java 异常的捕获及处理			
工学项目	自定义异常			
所属任务	理解异常的概念及异常处理机制			
知识点	了解异常的基本概念和 Java 异常的分类			
技能点	掌握 throws 与 throw 关键字及自定义异常			
操作标准				
评价标准	S	A	B	C	D
自我评价	级				
温习计划				
作业目标				

教学标准化清单

专业名称		所在班级		级 班
课程名称	异常的捕获及处理	工学项目		自定义异常
教学单元		练习单元		
教学内容	教学时长	练习内容		练习时长
Java 异常的分类	30 分钟	利用思维导图工具将本节所学的术语及编码方式进行整理		10 分钟
throws 与 throw 关键字	30 分钟	利用思维导图工具将本节所学的术语及编码方式进行整理		20 分钟
自定义异常	40 分钟	利用思维导图工具将本节所学的术语及编码方式进行整理		30 分钟

5.1 认 识 异 常

1. 异常

程序运行时发生的不被期望的事件，它阻止了程序按照程序员的预期正常执行，这就是异常。异常发生时，是任凭程序"自生自灭"，立刻退出终止，还是输出错误给用户。

Java 提供了更加优秀的解决办法：异常处理机制。

异常处理机制能让程序在异常发生时，按照代码预先设定的异常处理逻辑，针对性地处理异常，让程序尽最大可能恢复正常并继续执行，且保持代码的清晰。

Java 中的异常可以是函数中的语句执行时引发的，也可以是程序员通过 throw 语句手动抛出的，只要在 Java 程序中产生了异常，就会用一个对应类型的异常对象来封装异常，JRE 就会试图寻找异常处理程序来处理异常。

2．Java 异常机制用到的几个关键字

（1）try：用于监听。将要被监听的代码（可能抛出异常的代码）放在 try 语句块之内，当 try 语句块内发生异常时，异常就被抛出。

（2）catch：用于捕获异常。catch 用来捕获 try 语句块中发生的异常。

（3）finally：finally 语句块总是会被执行。它主要用于回收在 try 语句块里打开的物力资源（如数据库连接、网络连接和磁盘文件）。只有 finally 语句块时，执行完成之后才会回来执行 try 或者 catch 语句块中的 return 语句或者 throw 语句，如果 finally 中使用了 return 或者 throw 等终止方法的语句，则不会跳回执行，直接停止。

（4）throw：用于抛出异常。

（5）throws：用在方法签名中，用于声明该方法可能抛出的异常。主方法上也可以使用 throws 抛出。如果在主方法上使用了 throws 抛出，就表示在主方法里可以不用强制性进行异常处理，如果出现了异常，就交给 JVM 进行默认处理，则此时会导致程序中断执行。

3．产生异常的原因

（1）用户输入了非法数据。

（2）要打开的文件不存在。

（3）网络通信时连接中断，或者 JVM 内存溢出。

这些异常有的是由用户错误引起的，有的是由程序错误引起的，还有一些是由物理错误引起的。

4．3 种类型的异常

（1）检查型异常：最具代表性的检查型异常是由用户错误或问题引起的异常，这是程序员无法预见的。例如，要打开一个不存在的文件时，就会出现异常。这些异常在编译时不能被简单地忽略。

（2）运行时异常：运行时异常是可能被程序员避免的异常。与检查型异常相反，运行时异常可以在编译时被忽略。

（3）错误：错误不是异常，而是脱离程序员控制的问题。错误在代码中通常被忽略。例如，当栈溢出时，就会出现错误，它们在编译也检查不到。

案例 5-1：产生异常的程序。

```java
public class TestDemo {
public static void main(String[] args) {
    int a = 10;
    int b = 0;
    System.out.println(a + "/" + b + "=" + a/b);
    System.out.println("运算结束");
}
}
```

程序运行结果如下。

```
Exception in thread "main" java.lang.ArithmeticException: / by zero
    at test.TestDemo.main(TestDemo.java:7)
```

这时程序出现了错误，发现原来的程序代码都不执行了，而是直接进行了错误信息的输出，并且直接结束程序。

5.2　Java 异常的分类

1．异常的根接口 Throwable

其下有两个子接口：Error 和 Exception。

（1）Error：指的是 JVM 错误，这时的程序并没有执行，无法处理。

（2）Exception：指的是程序运行中产生的异常，用户可以使用处理格式处理。

2．生活中的异常

正常情况下，小王每日开车去上班，耗时大约 30min，如图 5.1 所示。

图 5.1　上班路上（一路畅通）

但是，异常情况迟早会发生，如图 5.2 所示。

图 5.2　上班路上（发生异常）

3．Java 内置异常类

Java 语言定义了一些异常类在 java.lang 标准包中。

标准运行时异常类的子类是常见的异常类。由于 java.lang 包是默认加载到所有的 Java 程序的，所以大部分从运行时异常类继承而来的异常都可以直接使用，如图 5.3 所示。

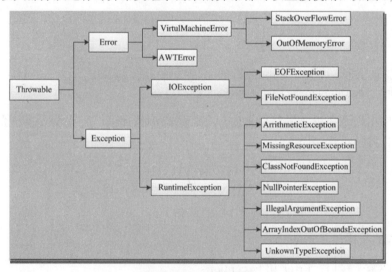

图 5.3　Java 异常分类

5.3　异常的处理

通常情况下，面对异常我们会怎样处理呢？如图 5.4 所示。

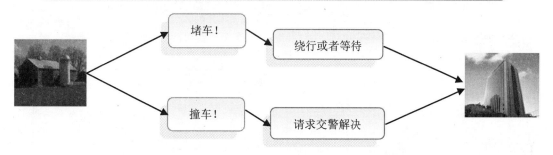

生活中，我们会根据不同的异常进行相应的处理，而不会就此中断我们的生活

堵车！

绕行或者等待

撞车！

请求交警解决

图 5.4　生活中处理异常的方式

1. Java 中处理异常的语句

处理异常的语句主要有 try...catch、try...catch...finally、try...finally 等 3 类。语法形式如下。

```
try{
    可能会发生的异常
}catch(异常类型 异常名(变量)){
    针对异常进行处理的代码
}catch(异常类型 异常名(变量)){
    针对异常进行处理的代码
}...
[finally{
    释放资源代码
}]
```

注意：（1）catch 不能独立于 try 存在。

（2）catch 里面不能没有内容。

（3）在 try/catch 后面添加 finally 块并非强制性要求。

（4）try 代码后不能既没 catch 块也没 finally 块。

（5）try 里面异常越少越好。

（6）try、catch、finally 块之间不能添加任何代码。

（7）finally 里面的代码最终一定会执行（除了 JVM 退出）。

（8）如果程序存在多个异常，需要多个 catch 进行捕获。

（9）异常如果是同级关系，catch 的前后顺序不影响处理结果。

（10）如果异常之间存在上下级关系，上级需要放在后面。。

2．异常的执行流程

异常的执行流程如图 5.5 所示。

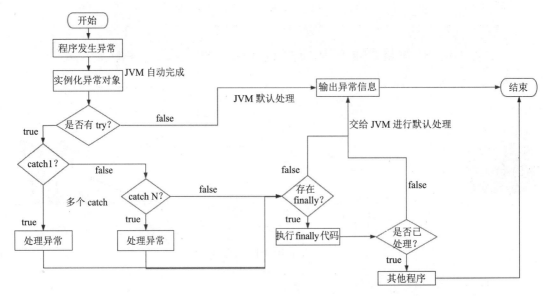

图 5.5　异常的执行流程

3．处理 Error 与 Exception 的区别

Error（错误）是指系统错误，程序员是不能改变和处理的，是在程序编译时出现的错误，只有通过修改程序才能修正。一般是指与虚拟机相关的问题，如系统崩溃、虚拟机错误、内存空间不足、方法调用栈溢等。对于这类错误导致的应用程序中断，仅靠程序本身无法恢复和预防，建议让程序终止。

Exception（异常）指程序可以处理的异常，可以捕获且可能恢复。遇到这类异常，应该尽可能地处理异常，使程序恢复运行，而不应随意地终止程序。

4．在 catch 捕获异常时，不考虑使用 Throwable 类型，而只是使用 Exception 来进行接收的原因

Throwable 表示的范围要比 Exception 大。实际上，程序使用 Throwable 来进行处理没有任何语法问题，但是却会存在逻辑问题。因为此时出现的（或者说用户能够处理的）只有 Exception 类型，而如果使用 Throwable 接收，还会表示可以处理 Error 的错误，而用户是处理不了 Error 错误的，所以在开发中用户可以处理的异常都要求以 Exception 类为主。

5．异常处理方式

对于异常分开处理还是一起处理的问题，根据实际的开发要求是否严格来决定。在实际的项目开发工作中，所有的异常是统一使用 Exception 处理还是分开处理，完全根据开发者的项目开发标准来决定。如果项目开发环境严谨，基本上要求针对每一种异常分别进行

处理，并且要详细记录下异常产生的时间以及产生的位置，这样可以方便程序维护人员进行代码的维护。

📢 **注意**：处理多个异常时，捕获范围小的异常要放在捕获范围大的异常之前处理。

6．检查型异常与非检查型异常的区别

所有的检查型异常（checked exception）都继承 java.lang.Exception；所有的非检查型异常（unchecked exception）都继承 java.lang.RuntimeException。

检查型异常和非检查型异常最主要的区别在于其处理异常的方式：检查型异常必须使用 try catch 或者 throws 等关键字进行处理，否则编译器会报错；非检查型异常一般是程序代码写得不够严谨而导致的问题，可以通过修改代码来规避。

常见的运行时异常：空指针异常（NullPointerException）、除零异常（ArithmeticException）、数组越界异常（ArrayIndexOutOfBoundsException）等；

常见的检查型异常：输入输出异常（IOException）、文件不存在异常（FileNotFoundException）、SQL 语句异常（SQLException）等。

案例 5-2：使用 try…catch…finally 处理异常。

```java
public class TestException
{
    public static void main(String[] args)
     {
         System.out.println("除法开始");
         try
         {
             System.out.println("除法开始进行："+10/0);
         }catch(ArithmeticException e){
             e.printStackTrace();
         }finally {
             System.out.println("***这是 finally 语句，不管是否出现异常都会执行***");
         }
         System.out.println("除法结束");
     }
}
```

程序运行结果如下。

```
除法开始
java.lang.ArithmeticException: / by zero
    at test.TestException.main(TestException.java:9)
***这是 finally 语句，不管是否出现异常都会执行***
除法结束
```

案例 5-3：处理多种异常。

```java
public class TestException {
public static void main(String[] args) {
    try {
```

```
        String s = null;
        System.out.println(s.length());

    }
    catch(ArrayIndexOutOfBoundsException e) {
        System.out.println("出现数组越界了");
    }
    catch(NullPointerException e) {
        System.out.println("出现空指针了");
    }
    catch(Exception e) {
        System.out.println("出现异常了");
    }finally{
        System.out.println("不管是否出现异常都执行");
    }
}
}
```

程序运行结果如下。

```
出现空指针了
不管是否出现异常都执行
```

此程序中，不管程序是否发生了异常，都会执行 finally 代码。

5.4 throws 与 throw 关键字

（1）throws 关键字：作用于方法的声明上，表示一个方法不处理异常，而交由调用处进行处理。

案例 5-4：使用 throws 关键字处理异常。

```
class MyMath {
    public int division(int num1, int num2) throws Exception {
        return num1 / num2;
    }
}
public class TestException {
    public static void main(String[] args) {
        //调用 division()，如果不进行异常处理，则编译不能通过（但是有特例）
        try {
            System.out.println(new MyMath().division(10, 0));
        } catch (Exception e) {
            e.printStackTrace();
        }
    }
}
```

程序运行结果如下。

```
java.lang.ArithmeticException: / by zero
    at test.MyMath.division(TestException.java:5)
    at test.TestException.main(TestException.java:13)
```

可以在普通方法上使用，mian 方法上也可以使用。即 mian 方法不对异常进行处理，而向它的上级抛出 throws 关键字，即由 JVM 进行处理。

（2）throw 关键字：在程序中人为抛出一个异常对象，即用户自己手工抛出一个实例化对象。

案例 5-5：使用 throw 关键字处理异常。

```java
public class TestException {
    public static void main(String[] args) {
        try {
            throw new Exception("我自己抛的异常");
        } catch (Exception e) {
            e.printStackTrace();
        }
    }
}
```

程序运行结果如下。

```
java.lang.Exception: 我自己抛的异常
    at test.TestException.main(TestException.java:6)
```

此方法实际应用较少。

（3）throw 和 throws 的区别。

throw 与 throws 都是在异常处理中使用的关键字，区别如下。

throw：指的是在方法之中人为抛出一个异常类对象（这个异常对象可能是自己实例化的或者已存在的）。

throws：在方法的声明上使用，表示此方法在调用时必须处理异常。

5.5　自定义异常

在 Java 中我们可以自定义异常。如果要自定义异常类，则扩展 Exception 类即可，因此这样的自定义异常都属于检查型异常。如果要自定义非检查型异常，则扩展自 RuntimeException。

案例 5-6：自定义异常类。

```java
class CustomException extends Exception { //自定义异常类
    public CustomException(String message) {
        super(message);
    }

}
```

```
public class TestException {
    public static void main(String[] args) {
        int num = 20;
        try {
            if (num > 10) { //出现了错误，应该产生异常
                throw new CustomException("数值传递得过大！");
            }
        } catch (Exception e) {
            e.printStackTrace();
        }
    }
}
```

程序运行结果如下。

```
test.CustomException: 数值传递得过大！
    at test.TestException.main(TestException.java:15)
```

本程序使用了一个自定义的 CustomException 类继承了 Exception，所以此类为一个异常表示类，随后用户就可以在程序中使用 throw 抛出异常对象。

【思考题】

Java 中的异常处理关键字是什么？

5.6 本 章 练 习

1．简述 RuntimeException 和 Exception 的区别。

2．try、catch、finally 这 3 种语句的功能是什么？

3．简述 Java 中的异常处理机制。

4．简述 Error 和 Exception 的区别。

5．编写应用程序，从命令行中输入两个小数参数，求它们的商。要求程序中捕获 NumberFormatException 异常和 ArithmeticException 异常。

第6章 Java 集合框架

本章简介

集合 Collections 是 Java 语言提供的一个存储和管理一组相似对象的框架，包括了众多实用且高效的类和接口，方便应用程序开发人员使用，可以极大限度地提高开发速度和应用程序执行效率。几乎所有的集合都提供了常用的数据结构操作，包括查找、排序、插入、更新、删除等。本章将介绍 Java 集合框架的核心接口和常用类的使用方法。

学习任务工单

专业名称		所在班级		级　　班
课程名称	Java 集合框架			
工学项目	Set 和 List 的使用和对象保存：Map 接口			
所属任务	Java 集合常用接口及实现类			
知识点	了解 Collection 接口中的抽象方法			
技能点	掌握 ArrayList、LinkedList、HashSet 和 Map 的使用方法			
操作标准				
评价标准	S	A	B	C	D
自我评价	级			
温习计划				
作业目标				

教学标准化清单

专业名称		所在班级	级 班
课程名称	Java 集合框架	工学项目	Set 和 List 的使用和对象保存：Map 接口
教学单元		练习单元	
教学内容	教学时长	练习内容	练习时长
Java 集合常用接口及实现类	30 分钟	利用思维导图工具将本节所学的术语及编码方式进行整理	10 分钟
允许重复的子接口（List）和不允许重复的子接口（Set）的使用	60 分钟	利用思维导图工具将本节所学的术语及编码方式进行整理	30 分钟
Map 基本操作和 Hashtable 与 HashMap 使用	90 分钟	利用思维导图工具将本节所学的术语及编码方式进行整理	60 分钟

6.1 集合的概念

集合可以看作是一种容器，可以用来动态存放多个对象信息。如图 6.1 所示，Java 集合框架包括了众多接口和类，它们都位于 java.util 包中。Java 集合类主要由两个根接口 Collection 和 Map 派生出来的，Collection 派生出了 3 个子接口：List、Set、Queue（Java 5 新增的队列），因此，Java 集合大致也可分成 List、Set、Queue、Map 4 种接口体系（注意：Map 不是 Collection 的子接口）。

其中，List 代表有序可重复集合，可直接根据元素的索引来访问；Set 代表无序不可重复集合，只能根据元素本身来访问；Queue 代表队列集合；Map 代表存储 key-value 对（键-值对）的集合，可根据元素的 key 来访问 value。

数组与集合的区别如下。

（1）数组长度不可变化且无法保存具有映射关系的数据；集合类用于保存数量不确定的数据，以及保存具有映射关系的数据。

（2）数组元素既可以是基本类型的值，也可以是对象；集合只能保存对象。

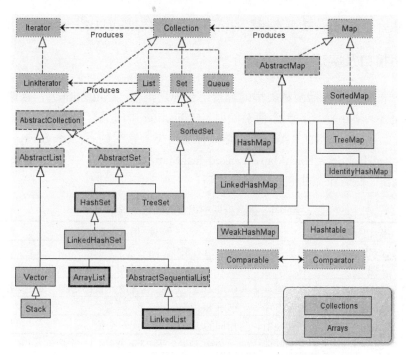

图 6.1　Java 集合框架的主要类和接口

6.2　Java 集合常用接口及实现类

6.2.1　Java 集合框架

Java 集合框架的设计目标或特性包括以下 3 个方面。

（1）高性能。常用的几种集合的算法和代码的实现效率都很高，如动态数组、链接表、树、哈希表等基本数据结构都支持。

（2）可交互性强。框架中不同类型的集合必须具有相似的存取和操作接口，同时，不同的集合之间应该可以具有深层次的交互性，例如，不同集合类型的转换应该尽量简洁方便。

（3）可扩展性强。框架支持对一个集合进行快速扩展或者改编，即能够使用继承或者接口等方式快速修改、增加以及扩展集合的功能。

为了达到上面 3 个目标，整个集合框架首先必须遵照一些预定义的标准接口。框架同时提供了实现这些接口的样例集合类型，包括 LinkedList、HashSet 和 TreeSet 等。如果需要，用户可以随时自定义满足实际需求的集合类。

集合框架主要包括 3 部分内容：接口、实现（类）和算法。接口即抽象数据类型，表示独立于元素内部细节的操作。实现即抽象数据类型的一种具体表示，本质是一种可重用的数据结构。算法是实现某种运算的一个步骤序列，如搜索、排序等。集合框架中的算法独立于数据类型的实现。一种算法可以作用在多种具有相似结构的数据类型上。

除了集合，框架同时提供了映射接口和实现映射接口的类，映射一系列存储键-值对。

虽然映射和集合 Collection 类型有明显的区别，但是它们都可以统一融合到集合框架中。

6.2.2 常用接口及实现类

Java 集合框架主要包括两种类型的容器：一种是集合（Collection），存储一个元素集合；另一种是图（Map），存储键-值对映射。Collection 接口又有 3 种子类型，即 List、Set 和 Queue。再下面是一些抽象类，最后是具体实现类，常用的有 ArrayList、LinkedList、HashSet、LinkedHashSet、HashMap、LinkedHashMap 等。

表 6.1 列出了集合框架中包含的多个接口。

表 6.1　集合框架中包含的接口及说明

序　　号	接 口 名 称	使 用 说 明
1	Collection	顶层接口，表示一组对象
2	List	表示列表，继承 Collection 接口，存储有序的元素集合
3	Set	表示集，继承 Collection 接口，包含的元素都是唯一的，即没有重复元素
4	SortedSet	表示有序集，继承 Set 接口
5	Map	表示映射，将相同的键-值映射到同一个值
6	Map.Entry	表示映射中的一个键-值对，是 Map 接口的一个内部接口
7	SortedMap	表示有序的映射，继承 Map 接口

6.2.3 Collection 接口中的抽象方法

表 6.2 列出了 Collection 接口中包含的多个抽象方法。集合框架中的多数类（如 ArrayList、LinkedList、HashSet 等）都实现了该接口。这种设计的好处是能够使用统一的模式（接口 Collection 的引用）来访问不同具体类的实例。

表 6.2　Collection 接口中的抽象方法

序　　号	接 口 名 称	使 用 说 明
1	public boolean add(Object element)	往集合添加指定元素
2	public boolean addAll(Collection c)	将给定集合中的元素添加到集合中
3	public boolean remove(Object element)	删除集合中指定元素
4	public boolean removeAll(Collection c)	删除给定集合中的所有元素
5	public boolean retainAll(Collection c)	删除给定集合中的元素外的所有元素
6	public int size()	返回集合中包含元素的个数
7	public void clear()	删除集合中的所有元素
8	public boolean contains(Object element)	判断集合中是否包含指定元素
9	public boolean containsAll(Collection c)	判断集合中是否包含给定集合的所有元素
10	public Iterator iterator()	返回集合的迭代器
11	public Object[] toArray()	将集合转换为对象数组
12	public boolean isEmpty()	判断集合是否为空
13	public boolean equals(Object element)	判断两个集合对象是否相等（内容相同）
14	public int hashCode()	返回集合对象的哈希码

6.3　允许重复的子接口：List

List 是 Collection 的一个最为常用的子接口，其接口的定义如下。

```
public interface List<E> extends Collection<E>
```

List 接口与 Collection 接口相比新增的几个实用方法如下。

（1）public Object get(int index)：返回列表中指定位置的元素。

（2）public void add(int index, Object element)：在列表的指定位置插入指定元素，将当前处于该位置的元素（如果有的话）和所有后续元素向右移动。

（3）public Object set(int index, Object element)：用指定元素替换列表中指定位置的元素，返回替换出来的元素。

（4）public Object remove(int index)：移除列表中指定位置的元素。

（5）List subList(int fromIndex, int toIndex)：返回列表中指定的 fromIndex（包括）和 toIndex（不包括）之间的部分视图。

（6）int indexOf(Object o)：返回此列表中第一次出现的指定元素的索引；如果此列表不包含该元素，则返回-1。

6.3.1　新的子类 ArrayList

ArrayList 类是一个可以动态修改的数组，与普通数组的区别就是它没有固定大小的限制，我们可以添加或删除元素。ArrayList 继承了 AbstractList，并实现了 List 接口。

ArrayList 类位于 java.util 包中，使用前需要引入它，语法格式如下。

```
import java.util.ArrayList;                          //引入 ArrayList 类
ArrayList<E> objectName = new ArrayList<>();         //初始化
```

其中，E 指泛型数据类型，用于设置 objectName 的数据类型，只能为引用数据类型；objectName 指对象名。

ArrayList 是一个数组队列，提供了相关的添加、删除、修改、遍历等功能。

案例 6-1：ArrayList 使用。

```
import java.util.ArrayList;
public class Test1 {
public static void main(String[] args) {
    ArrayList<String> sites = new ArrayList<String>();
    sites.add("Google");
    sites.add("baidu");
    sites.add("Taobao");
    sites.add("Weibo");
    System.out.println(sites);
    System.out.println("访问第二个元素："+sites.get(1));        //访问第二个元素
```

```
    sites.set(2, "新迈尔");                    //第一个参数为索引位置，第二个为要修改的值
    System.out.println(sites);
    sites.remove(3);                         //删除第四个元素
    System.out.println(sites);
    System.out.println(sites.size());        //计算元素数量
    //迭代数组列表
    for (int i = 0; i < sites.size(); i++) {
        System.out.println(sites.get(i));
    }
    for (String i : sites) {                 //使用 for-each 来迭代元素
        System.out.println(i);
    }
}
}
```

程序运行结果如下。

```
[Google, baidu, Taobao, Weibo]
访问第二个元素：baidu
[Google, baidu, 新迈尔, Weibo]
[Google, baidu, 新迈尔]
3
Google
baidu
新迈尔
Google
baidu
新迈尔
```

注意：ArrayList 类是数组结构，查询快、修改慢。

6.3.2   新的子类 LinkedList 类

LinkedList 类是链式结构，查询慢、修改快。

案例 6-2：LinkedList 的使用。

```
import java.util.LinkedList;
public class Test1 {
public static void main(String[] args) {
    //创建 LinkedList 对象
            LinkedList<String> LL = new LinkedList<String>();
            //加入元素到 LinkedList 中
            LL.add("F");
            LL.add("F");
            LL.add("D");
            LL.add("E");
            LL.add("C");
            //在链表的最后一个元素的位置上加入数据
            LL.addLast("Z");
```

```
                    //在链表的第一个元素的位置上加入数据
                    LL.addFirst("A");
                    //在链表第二个元素的位置上加入数据
                    LL.add(1, "A2");
                    System.out.println("LL 最初的内容： " + LL);
                    //从 LinkedList 中移除元素
                    LL.remove("F");
                    System.out.println("删除元素 F 后的 LL 内容： " + LL);
                    LL.remove(2);
                    System.out.println("从 LL 中移除第二个元素后的内容之后： " + LL);
                    //移除第一个和最后一个元素
                    LL.removeFirst();
                    LL.removeLast();
            System.out.println("LL 移除第一个和最后一个元素之后的内容： " + LL);
                    //取得并设置值
                    Object val = LL.get(2);
                    LL.set(2, (String) val + " Changed");
                    System.out.println("LL 被改变之后： " + LL);

        }
}
```

程序运行结果如下。

```
LL 最初的内容：[A, A2, F, F, D, E, C, Z]
删除元素 F 后的 LL 内容：[A, A2, F, D, E, C, Z]
从 LL 中移除第二个元素后的内容之后：[A, A2, D, E, C, Z]
LL 移除第一个和最后一个元素之后的内容：[A2, D, E, C]
LL 被改变之后：[A2, D, E Changed, C]
```

6.4　不允许重复的子接口：Set

Set 接口不像 List 接口那样对 Collection 接口进行了大量的扩充，而是完整地继承下了 Collection 接口，并添加了类集中元素不允许重复的特性。它本身没有定义任何附加方法。在 Set 子接口中无法使用 get()方法取得指定索引的数据，在 Set 接口中有两个常用的子类：HashSet、TreeSet。

6.4.1　新的子类 HashSet 类

HashSet 是基于 HashMap 来实现的，是一个不允许有重复元素的集合。

HashSet 允许有 null 值。

HashSet 是无序的，即不会记录插入的顺序。

HashSet 不是线程安全的，如果多个线程尝试同时修改 HashSet，则最终结果是不确定的。

案例 6-3：HashSet 的使用。

```java
import java.util.HashSet;
public class Test1 {
public static void main(String[] args) {
    HashSet<String> sites = new HashSet<String>();
    sites.add("Google");
    sites.add("新迈尔");
    sites.add("Taobao");
    sites.add("Zhihu");
    sites.add("新迈尔");                              //重复的元素不会被添加
    System.out.println(sites.contains("Taobao"));    //是否包含
    System.out.println(sites);
  }
}
```

程序运行结果如下。

```
true
[Google, 新迈尔, Zhihu, Taobao]
```

6.4.2　新的子类 TreeSet 类

如果需要为保存的数据进行排序，可以使用 TreeSet 子类完成。TreeSet 为使用树来进行存储的 Set 接口提供了一个工具，对象是按照升序存储，访问和检索很快。在存储大量需要进行快速检索的排序信息时可以选择 TreeSet。

案例 6-4：TreeSet 的使用。

```java
import java.util.Iterator;
import java.util.Set;
import java.util.TreeSet;
public class Test1 {
public static void main(String[] args) {
    Set<String> ts = new TreeSet<String>();
    ts.add(" I ");
    ts.add(" Love ");
    ts.add(" China ");
    Iterator it = ts.iterator();                     //迭代输出
    while (it.hasNext()) {
        System.out.println(it.next());
    }
}
}
```

程序运行结果如下。

```
China
 I
 Love
```

运行后，发现此集合没有重复数据，并且打印结果与先前加入的顺序不同，它是按照一个字母的先后顺序进行排序的。

6.4.3　Set 和 List 的区别

（1）Set 接口实例存储的是无序的、不重复的数据。List 接口实例存储的是有序的、可以重复的元素。

（2）Set 检索效率低下，删除和插入效率高，插入和删除不会引起元素位置改变（实现类有 HashSet、TreeSet）。

（3）List 和数组类似，可以动态增长，根据实际存储的数据的长度自动增长 List 的长度。查找元素效率高，插入和删除效率低，因为会引起其他元素位置改变（实现类有 ArrayList、LinkedList、Vector）。

6.5　对象保存：Map 接口

Map 接口中键和值一一映射，可以通过键来获取值。

给定一个键和一个值，可以将该值存储在一个 Map 对象。之后，我们可以通过键来访问对应的值。

Map：包含了 key-value 对。Map 不能包含重复的 key。

映射（map）是一个存储关键字和值的关联或者说是关键字-值对的对象。给定一个关键字，可以得到它的值。关键字和值都是对象，关键字必须是唯一的，但值是可以被复制的。有些映射可以接收 null 关键字和 null 值，而有的则不行。Map 是一个维护一组"键-值"映射的类（map keys to values）（这里的 key 和 value 全部都是引用类型）。

Map 中 key 的值是唯一的，不能重复（如不要用员工姓名作为 key）。

Map 中一个 key 只能对应一个 value（可以为空），但一个 value 可以有多个 key 与之对应，Map 能让我们通过 key 快速查找到相应的对象并获得它对应的 value 的引用（如存储员工资料并用员工 ID 作为 key 来查找某一员工的信息）。

Map 接口的实现类常用的有 HashMap、TreeMap 和 Hashtable 等。下面将重点介绍 HashMap 类和 Hashtable 类。

6.5.1　Map 基本操作

1．Map 初始化

```
Map<String, String> map = new HashMap<String, String>();
```

2．插入元素

```
map.put("key1", "value1");
```

3．获取元素

map.get("key1")

4．移除元素

map.remove("key1");

5．清空 Map

map.clear();

6．返回此 Map 中包含的键的 Set 集

Set<K> keySet();

7．返回此 Map 中包含的值的 Collection 集

Collection<V> values();

8．判断此 Map 是否包含指定键的键-值对

boolean containsKey(Object key);

9．判断此 Map 是否包含指定值的键-值对

boolean containsValue(Object value);

10．判断此 Map 中是否有元素

boolean isEmpty();

11．获得此 Map 中键-值对的数量

map.size();

6.5.2　新的子类：HashMap

HashMap 实现了 Map 接口，根据键的 HashCode 值存储数据，具有较快的访问速度，最多允许一条记录的键为 null，不支持线程同步。

HashMap 是无序的，即不会记录插入的顺序。HashMap 的 key 与 value 类型可以相同也可以不同，可以是字符串（String）类型的 key 和 value，也可以是整型（Integer）的 key 和字符串（String）类型的 value。

案例 6-5：HashMap 的使用。

```java
import java.util.HashMap;
public class Test1 {
public static void main(String[] args) {
    HashMap<Integer, String> Sites = new HashMap<Integer, String>();
    //添加键-值对
    Sites.put(1, "Google");
    Sites.put(2, "新迈尔");
    Sites.put(3, "Taobao");
```

```
Sites.put(4, "京东");
System.out.println(Sites.size());                    //键-值对的数量
System.out.println(Sites.get(2));                    //键-值对的数量
//输出 key 和 value
for (Integer i : Sites.keySet()) {
    System.out.println("key: " + i + " value: " + Sites.get(i));
}
//返回所有 value 值
for(String value: Sites.values()) {
    //输出每一个 value
    System.out.print(value + ", ");
}
}
}
```

程序运行结果如下。

```
4
新迈尔
key: 1 value: Google
key: 2 value: 新迈尔
key: 3 value: Taobao
key: 4 value: 京东
Google, 新迈尔, Taobao, 京东,
```

6.5.3　新的子类：Hashtable

Hashtable 的操作几乎和 HashMap 一致，但是它支持同步。主要的区别在于 Hashtable 为了实现多线程安全，在几乎所有的方法上都加上了 synchronized 锁，而加锁的结果就是 Hashtable 操作的效率十分低。

案例 6-6：Hashtable 的使用。

```
import java.util.Hashtable;
import java.util.Iterator;
public class Test1 {
public static void main(String[] args) {
    Hashtable<Integer,String> ht=new Hashtable<Integer,String>();
    ht.put(1,"学习");
    ht.put(2,"Java");
    ht.put(3,"可以");
    ht.put(4,"高质量");
    ht.put(5,"就业");
    String str=ht.get(1);
    System.out.println(str);
    Iterator it = ht.keySet().iterator();
    while (it.hasNext()) {
        Integer key = (Integer)it.next();
        System.out.println(key+" " +ht.get(key));
```

```
        }
    }
}
```

程序运行结果如下。

```
学习
5 就业
4 高质量
3 可以
2 Java
1 学习
```

6.5.4 HashMap 与 Hashtable 的区别

（1）线程安全：HashMap 是线程不安全的类，多线程下会造成并发冲突，但单线程下运行效率较高；Hashtable 是线程安全的类，很多方法都是用 synchronized 修饰，但同时因为加锁导致并发效率低下，单线程环境效率也十分低。

（2）插入 null：HashMap 允许有一个键为 null，允许多个值为 null；但 Hashtable 不允许键或值为 null。

6.6 Collections 类

Collectons 是专门用于操作集合的工具类，但它并没有实现 Collection 接口。在这个类中有许多操作方法，可以方便地进行集合的操作。

案例 6-7：Collectons 的使用。

```
import java.util.ArrayList;
import java.util.Collections;
import java.util.List;
public class Test1 {
public static void main(String[] args) {
    List<String> list = new ArrayList<String>();
    list.add("c");
    list.add("d");
    list.add("b");
    list.add("a");
Collections.addAll(list, "e","f");                    //增加数据
    Collections.sort(list);                           //排序
    System.out.println(list);
    Collections.reverse(list);                        //对集合中元素进行反转
    System.out.println(list);
}
}
```

程序运行结果如下。

```
[a, b, c, d, e, f]
[f, e, d, c, b, a]
```

本程序利用了 Collections 类中的方法完成数据增加、排序以及集合的反转操作。由此可见，Collections 类的使用能为类集操作提供一些便利。但从开发的角度来看，此类的使用情况不多。

Collection 和 Collections 的区别：Collection 是一个接口，用于定义集合操作的标准；Collections 是一个工具类，可以操作任意的集合对象。

6.7　本 章 练 习

1．什么是 Java 集合框架？请列举集合框架的几个优点。

2．Java 集合框架中主要的接口有哪些？说明其作用。

3．集合和数据有什么区别？

4．为什么 Map 接口没有继承 Collection 接口？

5．什么是迭代器 Iterator？

6．遍历一个 List 有哪几种方式？

7．HashMap 和 Hashtable 的区别是什么？

8．ArrayList 和 LinkedList 的区别是什么？

上机任务

使用 Java 集合框架实现一个基于命令行的图书馆管理系统。

核心功能包括如下 6 个方面。

（1）图书入库。

（2）图书查询。

（3）借书证办理。

（4）借书。

（5）还书。

（6）逾期催还。

第 7 章　常 用 类 库

本章简介

　　一个有经验的 Java 开发人员，特征之一就是善于使用已有的轮子来造车，使用现有的 API 来开发，而不是重复造轮子。Java 提供了很多类库，Java 开发人员应该熟练掌握有用的和必要的库和 API 的使用方法。

学习任务工单

专业名称			所在班级		级　　班	
课程名称	Java 常用类库					
工学项目	反射的基本使用					
所属任务	Java 反射机制和反射的基本使用					
知识点	了解 String、StringBuffer 和 StringBuilder 类					
技能点	掌握包装类、日期格式化操作类及反射的基本使用					
操作标准						
评价标准	S	A	B	C		D
自我评价	级					
温习计划						
作业目标						

教学标准化清单

专业名称		所在班级		级 班
课程名称	Java 常用类库	工学项目		反射的基本使用
教学单元		练习单元		
教学内容	教学时长	练习内容		练习时长
String、StringBuffer 和 StringBuilder 类的使用	60 分钟	利用思维导图工具将本节所学的术语及编码方式进行整理		30 分钟
数学公式类（Math）和日期格式化操作类（SimpleDateFormat）的使用	60 分钟	利用思维导图工具将本节所学的术语及编码方式进行整理		30 分钟
反射机制和反射的基本使用	60 分钟	利用思维导图工具将本节所学的术语及编码方式进行整理		30 分钟

7.1　String、StringBuffer 和 StringBuilder 类

Java 提供了 3 个类用于处理字符串，分别是 String、StringBuffer 和 StringBuilder。其中，StringBuilder 是 JDK1.5 才引入的。

1．String 类

String 类由 final 修饰符修饰，所以 String 类是不可变的，对象一旦创建就不能改变。声明和创建字符串对象的方式有如下两种。

（1）使用 new 调用构造器。

```
String s=new String(...);
```

对象保存在堆内存中，每次都会返回一个新的对象。

（2）直接赋值。

```
String s="...";
```

对象保存在常量池中，如果不存在相同内容的对象将创建新对象，如果存在将不创建新对象。

2．StringBuffer 类

StringBuffer 是带有缓冲区的，可以操作字符串。与 String 类不同的是，String 类的内

容一旦声明则不可改变，改变的只是其内存地址的指向，而 StringBuffer 中的内容是可以改变的。

StringBuffer 本身是一个具体的操作类，所以不能像 String 那样采用直接赋值的方式进行对象的实例化，必须通过构造方法完成。

StringBuffer 的内容是可以修改的，通过引用传递的方式完成。在 String 类中使用 "+" 作为数据库的连接操作，而在 StringBuffer 类中使用 append()方法进行数据库的连接。StringBuffer 类中也提供了一些 String 类中所没有的方法，如 delete()、insert()等，这些方法需要的时候可以通过 API 文档进行查找。

StringBuffer 常用方法有如下 7 种。

（1）字符串连接操作：append()。

（2）在任意位置处为 StringBuffer 添加内容：insert(int offset, boolean b)。

（3）字符串反转操作：reverse()。

（4）替换指定范围的内容：replace(int start, int end, String str)。

（5）字符串截取：substring(int start, int end)。

（6）字符串删除：delete(int start, int end)。

（7）查找指定的内容是否存在：indexOf()。

3．StringBuilder 类

StringBuilder 类在 Java 5 中被提出，它和 StringBuffer 之间的最大不同在于 StringBuilder 的方法不是线程安全的（不能同步访问）。

当对字符串进行修改时，需要使用 StringBuffer 和 StringBuilder 类。

和 String 类不同的是，StringBuffer 和 StringBuilder 类的对象能够被多次地修改，并且不产生新的未使用对象。

由于 StringBuilder 相较于 StringBuffer 具有速度优势，所以多数情况下建议使用 StringBuilder 类。

案例 7-1：使用 StringBuilder 操作，StringBuilder 的内容可以改变。

```java
public class TestString {
public static void main(String[] args) {
    StringBuilder sb = new StringBuilder(10);
    sb.append("2021 年牛转乾坤..");              //连接
    System.out.println(sb);
    sb.append("!");
    System.out.println(sb);
    sb.insert(9, "努力 Java");                  //在指定位置插入
    System.out.println(sb);
    sb.delete(11,15);                          //删除指定字符
    System.out.println(sb);
    sb.append("牛年大吉！");                      //连接
    System.out.println(sb);
}
}
```

程序运行结果如下。

```
2021 年牛转乾坤..
2021 年牛转乾坤..!
2021 年牛转乾坤努力 Java..!
2021 年牛转乾坤努力..!
2021 年牛转乾坤努力..!牛年大吉！
```

📢 注意：在应用程序要求线程安全的情况下，则必须使用 StringBuffer 类。

4．==和 equals 的区别

（1）Java 中==比较的是值是否相等。如果作用于基本数据类型的变量，则直接比较其存储的"值"是否相等；如果作用于引用类型的变量，则比较的是所指向的对象的地址。

（2）equals 方法不能作用于基本数据类型的变量，equals 继承 Object 类，比较的是是否是同一个对象。如果没有对 equals 方法进行重写，则比较的是引用类型的变量所指向的对象的地址；诸如 String、Date 等类对 equals 方法进行了重写的话，比较的是所指向的对象的内容。

案例 7-2：==和 equals 的使用。

```java
public class TestString {
    public static void main(String[] args) {
        String str1 = "b";
        String str2 = "a" + str1;
        String str3 = "ab";
        System.out.println((str2 == str3));
        System.out.println(str2.equals(str3));
        System.out.println(str2.equalsIgnoreCase(str3));    //忽略大小写
        String a = new String("abcd");                       //a 为一个引用
        String b = new String("abcd");                       //b 为另一个引用
        String c = "abcd";                                   //把 abcd 放在常量池中
        String d = "abcd";
        if (a == b) {                                        //false，指非同一对象
            System.out.println("a==b");
        }
        if (a.equals(b)) {                                   //true
            System.out.println("a==b");
        }
        if (c == d) {                                        //true
            System.out.println("c==d");
        }
        if (d.equals(c)) {                                   //true
            System.out.println("d==c");
        }
        if (a.equals(c)) {                                   //true
            System.out.println("a==c");
        }
```

```
                if (c==a) {                                          //false
                        System.out.println("c==a");
                }
        }}
```

程序运行结果如下。

```
false
true
true
a==b
c==d
d==c
a==c
```

7.2 数学公式类：Math

Math 类表示数学操作，Math 类中的方法都是静态方法，直接使用"类.方法名称()"的形式调用即可。Math 类中常用方法如下。

```
public static int abs(int a)
public static long abs(long a)
public static float abs(float a)
public static double abs(double a)                    //abs 方法求绝对值
public static native double ceil(double a)            //ceil 返回值最小的大于 a 的整数
public static native double floor(double a)           //floor 返回最大的小于 a 的数
public static synchronized double random()            //返回 0～1 的随机数
public static native double acos(double a)            //acos 求反余弦函数
public static native double asin(double a)            //asin 求反正弦函数
public static native double atan(double a)            //atan 求反正切函数
public static native double cos(double a)             //cos 求余弦函数
public static native double exp(double a)             //exp 求 e 的 a 次幂
public static native double pow(double a, double b)   //pow 求 a 的 b 次幂
public static native double sin(double a)             //sin 求正弦函数
public static native double sqrt(double a)            //sqrt 求 a 的开平方
public static native double tan(double a)             //tan 求正切函数
```

案例 7-3：Math 类常用方法。

```java
public class TestString {
    public static void main(String[] args) {
        System.out.println(Math.round(15.5));        //16
        System.out.println(Math.round(-15.5));       //-15
        System.out.println(Math.abs(-15.5));         //绝对值
        System.out.println(Math.max(-15,8));         //最大值
        System.out.println(Math.min(-15.56,8));      //最小值
        System.out.println(Math.floor(15.8));        //15.0 是地板，不大于
        System.out.println(Math.ceil(15.8));         //16.0 是天花板，不小于
        System.out.println(Math.floor(-15.8));       //-16.0
```

```
        System.out.println(Math.ceil(-15.8));          //-15.0
        System.out.println(Math.random());             //大于或等于 0.0 且小于 1.0 的伪随机 double 值
        //返回 10～20 随机整数
        System.out.println((int)(Math.random()*(20-10+1)+10));
        Random rand=new Random();                      //java.util.Random 产生随机数
        System.out.println(rand.nextInt(20));          //不大于 20 的正整数
    }
}
```

程序运行结果如下。

```
16
-15
15.5
8
-15.56
15.0
16.0
-16.0
-15.0
0.3704507170947269
13
3
```

通过程序的执行结果，可以发现 Java 中 Math.round()方法的特点：如果是负数，其小数位的数值小于等于 5 时不会进位，大于 5 时才会进位。

7.3　包　装　类

8 种基本数据类型的包装类是 Byte、Short、Integer、Long、Double、Float、Boolean、Character。包装类提供了字符串、基本数据类型和包装类相互转换的方法。

既然有了基本类型和包装类型，必要时肯定要在它们之间进行转换。把基本类型转换成包装类型的过程叫作装箱（boxing）；反之，把包装类型转换成基本类型的过程叫作拆箱。

在 Java SE5 之前，开发人员要手动进行装拆箱，比如：

```
Integer chenmo = new Integer(10);          //手动装箱
int wanger = chenmo.intValue();            //手动拆箱
```

Java SE5 及以后版本为了减少开发人员的工作，提供了自动装箱与自动拆箱的功能。

```
Integer chenmo = 10;                       //自动装箱
int wanger = chenmo;                       //自动拆箱
```

基本类型和包装类型的区别主要有以下几点。

（1）包装类型可以为 null，而基本类型不可以。

（2）包装类型可用于泛型，而基本类型不可以。

（3）基本类型比包装类型更高效。基本类型在栈中直接存储的是具体数值，而包装类型则存储的是堆中的引用。

（4）两个包装类型的值可以相同，但却不相等。

案例 7-4：包装类的使用。

```java
public class TestString {
    public static void main(String[] args) {
        long t1 = System.currentTimeMillis();        //获得系统的时间，单位为毫秒
        Long sum = 0L;
        for (int i = 0; i < Integer.MAX_VALUE; i++) {
            sum += i;
        }
        long t2 = System.currentTimeMillis();
        System.out.println(t2 - t1);
        // int 转 String
        int in4 = 12345;
        String str1 = String.valueOf(in4);          //1 调用 String 类的 valueOf()方法
        System.out.println(str1);
        Integer integer5 = new Integer(in4);
        String str2 = integer5.toString();          //2 调用 Integer 类的 toString()方法
        System.out.println(str2);
        String str3 = in4 + " ";                     //3
        System.out.println(str3);
        // String 转 int
        String str4 = "123456";
        int in5 = Integer.parseInt(str4);            //1 调用 Integer 类的 parseInt()方法
        System.out.println(in5);
        int in6 = Integer.valueOf(str4);  //2 调用 Integer 类的 valueOf()方法转换为 Integer 类型，
然后拆箱
        System.out.println(in6);

    }
}
```

🔊 **注意**：整型和浮点型转字符型一般都是直接使用""即可，字符型转为整型通过 Integer.parseInt()，字符型转为单精度浮点数通过 Float.parseFloat()，字符型转为双精度浮点数通过 Double.parseDouble()。

7.4　日期操作类

7.4.1　日期时间类：java.util.Date

Date 类是一个较为常用的类，在 java.util 包中定义了 Date 类，Data 类本身使用起来非常简单，直接输出其实例化对象即可。但是其操作的日期格式会与个人的要求有一些不符，如果想进一步取得符合自己需求的时间，则可以使用 Calendar 类，它可以按照自己需要的

格式显示时间，Calendar 类可以直接将日期精确到毫秒。

Calendar 类是一个抽象类。既然是一个抽象类则肯定无法直接使用，此时就要利用对象多态性的概念，通过向上转型关系实例化本类对象。使用 Calendar 类可以非常轻松地获取一个完整的日期，但是在取得月份时要特别注意，需要增加 1，最好的做法是将 Date 进行一些相关的格式化操作。

Calendar 为特定瞬间和一组日历字段之间的转换以及操作日历字段提供了方法。

使用 Calendar.getInstance 获取该对象：

```
Calendar nowTime=Calendar.getInstance();
```

部分常用方法如下。

（1）void setTime(Date date)：通过该类方法指定 Calendar 对象表示的日期。

（2）Date getTime()：获取一个 Date 对象。

（3）void setTimeInMillis(Long time)：同上。

（4）void add(int field,int amount)：给当前对象的指定字段增加指定数值。Calender 类为日历中的各种字段都设置了 int 类型的数值。

案例 7-5：Date 类的使用。

```java
import java.util.Calendar;
import java.util.Date;
public class TestString {
    public static void main(String[] args) {
        Date date = new Date();
        System.out.println("当前日期为："+date);
        Calendar cal = Calendar.getInstance();
        StringBuffer buf = new StringBuffer();
        buf.append(cal.get(Calendar.YEAR)).append("-");              //获取年
        buf.append(cal.get(Calendar.MONTH) + 1).append("-");         //获取月
        buf.append(cal.get(Calendar.DAY_OF_MONTH)).append(" ");      //获取日
        buf.append(cal.get(Calendar.HOUR_OF_DAY)).append(":");       //获取小时
        buf.append(cal.get(Calendar.MINUTE)).append(":");            //获取分钟
        buf.append(cal.get(Calendar.SECOND));                        //获取秒
        System.out.println(buf);
        cal.add(Calendar.DAY_OF_YEAR,8);                             //当前日期加 8 天
        System.out.println(cal.getTime());
    }
}
```

程序运行结果如下。

```
当前日期为：Sun Feb 14 22:14:18 CST 2021
2021-2-14 22:14:18
Mon Feb 22 22:14:18 CST 2021
```

7.4.2 日期格式化操作类：SimpleDateFormat

SimpleDateFormat 是一个以与语言环境有关的方式来格式化和解析日期的具体类，它允许进行格式化（日期→文本）、解析（文本→日期）和规范化。使用 SimpleDateFormat 可以获取任何用户定义的日期/时间格式的模式。

1．SimpleDateFormat 构造方式

SimpleDateFormat 类主要有如下 3 种构造方法。

（1）SimpleDateFormat()：用默认的格式和默认的语言环境构造 SimpleDateFormat。

（2）SimpleDateFormat(String pattern)：用指定的格式和默认的语言环境构造 SimpleDateFormat。

（3）SimpleDateFormat(String pattern,Locale locale)：用指定的格式和指定的语言环境构造 SimpleDateFormat。

2．SimpleDateFormat 类常用方法

（1）format()方法：将日期转换为字符串。

（2）parse()方法：将字符串转换为日期。

3．日期/时间格式

日期/时间格式中的字母及其含义与示例如表 7.1 所示。

表 7.1 日期/时间格式中的字母及其含义与示例

字　母	含　义	示　例
y	年份，一般用 yy 表示两位年份，用 yyyy 表示 4 位年份	使用 yy 表示的年份，如 11；使用 yyyy 表示的年份，如 2011
M	月份，一般用 MM，如果使用 MMM，则会根据语言环境显示不同语言的月份	在 Locale.CHINA 语言环境下，如"十月"；在 Locale.US 语言环境下，如 Oct
d	月份中的天数，一般用 dd	使用 dd 表示的天数，如 10
D	年份中的天数，表示当天是当年的第几天	使用 D 表示的年份中的天数，如 295
E	星期几，会根据语言环境的不同，显示不同语言的星期几	在 Locale.CHINA 语言环境下，如"星期四"；在 Locale.US 语言环境下，如 Thu
H	一天中的小时数（0～23），一般用 HH 表示	使用 HH 表示的小时数，如 18
h	一天中的小时数（1～12），一般使用 hh 表示	使用 hh 表示的小时数，如 10（表示可能是 10 点，也可能是 22 点）
m	分钟数，一般使用 mm 表示	使用 mm 表示的分钟数，如 29
s	秒数，一般使用 ss 表示	使用 ss 表示的秒数，如 38
S	毫秒数，一般使用 SSS 表示	使用 SSS 表示的毫秒数，如 156

案例 7-6：编写 Java 程序，使用 SimpleDateFormat 类格式化当前日期并打印，日期格式为"××××年××月××日 星期× ××点××分××秒"

```java
import java.text.ParseException;
import java.text.SimpleDateFormat;
import java.util.Date;
public class TestString {
    public static void main(String[] args) throws Exception {
        Date now = new Date();                    //创建一个 Date 对象，获取当前时间
        //指定格式化格式
        SimpleDateFormat f = new SimpleDateFormat("今天是" + "yyyy 年 MM 月 dd 日 E HH 点 mm 分 ss 秒");
        System.out.println(f.format(now));        //将日期格式转变为字符串
        String str="2021-02-14 14:21:22.118";
        SimpleDateFormat sdf = new SimpleDateFormat("yyyy-MM-dd HH:mm:ss.SSS");
        Date date=sdf.parse(str);                 //将字符串转变为日期
        System.out.println(date);
    }
}
```

程序运行结果如下。

```
今天是 2021 年 02 月 15 日 星期一 14 点 26 分 24 秒
Sun Feb 14 14:21:22 CST 2021
```

7.5　数组操作类：Arrays

在 Java 中，Arrays 是一个定义在 java.util 包中专门进行数组的操作类，该类包含用于操作数组的各种方法（如排序、二分查找、复制、数组填充等）。此类还包含一个静态工厂，允许将数组视为列表。

Arrays 类的常用方法如下。

（1）toString(Object o)：返回指定数组内容的字符串表示形式。

（2）sort(Object o)：将指定的数组按升序排序。

（3）binarySearch(Object o, Object key)：使用二进制搜索算法在指定的数组中搜索指定的值。

（4）copyOf(T[] original, int newLength)：复制数组，其内部调用了 System.arraycopy() 方法，从下标 0 开始，如果超过原数组长度，会用 null 进行填充。

（5）fill(Object[] array, int fromIndex, int toIndex, Object obj)：用指定元素填充数组，从起始位置到结束位置，取头不取尾（会替换掉数组中原来的元素）。

（6）equals(Object[] array1, Object[] array2)：判断两个数组是否相等，实际上比较的是两个数组的哈希值，即 Arrays.hashCode(data1) == Arrays.hashCode(data2)。

案例 7-7：测试 Arrays 类的常用方法。

```java
import java.util.Arrays;
public class TestString {
    public static void main(String[] args) throws Exception {
        int[] a = {12,13,25,16,18};
        int[] b = {12,20,24,26,15};
        System.out.println(Arrays.equals(a, b));
        //判断两数组的长度及元素是否相等
        Arrays.sort(a);                              //排序
        System.out.println(Arrays.toString(a));
        //将数组 a 转换为字符串按升序排列输出
        int[] c =Arrays.copyOf(a,4) ;
        //复制数组 a，并转换为长度为 3 的数组 c 输出
        System.out.println(Arrays.toString(c));
        int point = Arrays.binarySearch(c, 18);      //检索数据位置
        System.out.println("元素 18 的位置在："+point);
        Arrays.fill(c, 3);                           //填充数组
        System.out.println("数组填充：");
        System.out.println(Arrays.toString(c));      //一字符串输出数组
    }
}
```

程序运行结果如下。

```
false
[12, 13, 16, 18, 25]
[12, 13, 16, 18]
元素 18 的位置在：3
数组填充：
[3, 3, 3, 3]
```

7.6 反 射 机 制

反射机制如果只是针对普通开发者而言意义不大，一般都是作为一些系统的架构设计去使用，或者说可以作为一些抽象度比较高的底层代码，在开源框架中被大量采用。反射在日常的开发中用到得不多，但是我们必须掌握反射机制的相关知识，因为它可以帮助我们理解框架的一些原理。所以我们常说：反射是框架设计的灵魂。

7.6.1　认识反射

Java 提供了一套机制来动态执行方法和构造方法，以及数组操作等，这套机制就叫反射。反射机制是如今很多流行框架的实现基础，其中包括 Spring（IOC）、Hibernate（关联映射）等。

反射就是把 Java 类中的各个部分映射成一个个的 Java 对象。例如，一个类有成员变量、方法、构造方法、包等信息，利用反射技术可以把这些组成部分映射成一个个对象。

7.6.2　反射的基本使用

1．获取 Class 对象

主要有以下 3 种方法可以获取 Class 对象。

（1）通过调用 getClass()方法：Java 中的所有类都直接或间接地继承了 Object 这个类，在 Object 类中有一个 getClass()方法可用来获取一个本类的 Class 类的实例，所以每个类都可以调用 getClass()方法来获取，如"abc".getClass()。

（2）通过调用类.class：每个类都默认有一个 class 属性，通过调用 class 属性就可以获得此类的一个 Class 对象，任何数据类型（包括基本的数据类型）都有一个"静态"的 class 属性，如 String.class、int.class。

（3）通过 Class 类的静态方法 forName(String className)获取：里面的参数需要传递完整的类名（包括包名），此方法最常用。如 Class.forName("com.mysql.jdbc.Driver")。

2．常用方法

（1）public String getName()：返回此 Class 对象所表示的实体的全限定名称。

（2）public Field[] getFields()：返回此 Class 对象所表示的实体的所有公共属性。

（3）public Field[] getDeclaredFields()：返回此 Class 对象所表示的实体的所有字段，但不包括继承的字段。

（4）public Method[] getMethods()：返回此 Class 对象所表示的实体的公共方法。

（5）public Method[] getDeclaredMethods()：返回此 Class 对象所表示的实体的所有方法，但不包括继承的方法。

（6）public Method getMethod(String name, Class... parameterTypes)：返回此 Class 对象所表示的实体的指定公共成员方法。name 指定方法名称，parameterTypes 指定方法参数类型。

（7）public Constructor[] getConstructors()：返回此 Class 对象所表示的类的所有公共构造方法。

（8）public Constructor[] getDeclaredConstructors()：返回此 Class 对象所表示的类声明的所有构造方法。

（9）public Constructor<T> getDeclaredConstructor(Class... parameterTypes)：返回此 Class 对象所表示的类的指定构造方法。

（10）public Class<? super T> getSuperclass()：返回此 Class 对象所表示的实体的超类的 Class。

（11）public Class[] getInterfaces()：确定此 Class 对象所表示的类实现的接口。

（12）public T newInstance()：创建此 Class 对象所表示的类的一个新实例。

7.6.3　编写 Java 反射程序的步骤

（1）必须首先获取一个 Class 对象。例如：

```java
Class c1 = Test.class;
Class c2 = Class.forName("com.reflection.Test");
Class c3 = new Test().getClass();
```

（2）分别调用 Class 对象中的方法来获取一个类的属性/方法/构造方法的结构。想要正常地获取类中的方法/属性/构造方法，应该重点掌握如下反射类：Field、Constructor、Method。

案例 7-8：利用反射获取类中的属性和方法。

```java
//Student.java
package test;
public class Student {
    public String name;
    protected int age;
    char sex;
    private String phoneNum;
    Student(String str){
        System.out.println("(默认)的构造方法  s = " + str);
    }
    //无参构造方法
    public Student(){
        System.out.println("调用了公有、无参构造方法执行了...");
    }
    //有一个参数的构造方法
    public Student(char name){
        System.out.println("姓名：" + name);
    }
    //有多个参数的构造方法
    public Student(String name, int age){
        System.out.println("姓名："+name+"年龄："+ age)    }
    //受保护的构造方法
    protected Student(boolean n){
        System.out.println("受保护的构造方法  n = " + n);
    }
    //私有构造方法
    private Student(int age){
        System.out.println("私有的构造方法    年龄："+ age);
    }
    @Override
    public String toString() {
        return "Student [name=" + name + ", age=" + age + ", sex=" + sex
                + ", phoneNum=" + phoneNum + "]";
    }
}
//TestStudent.java
package test;
import java.lang.reflect.Constructor;
import java.lang.reflect.Field;
public class TestStudent {
```

```java
public static void main(String[] args) throws Exception{
    //加载 Class 对象
    Class clazz = Class.forName("test.Student");
    //获取所有公有构造方法
    System.out
            .println("**********************所有公有构造方法**********************");
    Constructor[] conArray = clazz.getConstructors();
    for (Constructor c : conArray) {
        System.out.println(c);
    }

    System.out
            .println("**********所有的构造方法(包括: 私有、受保护、默认、公有)**********");
    conArray = clazz.getDeclaredConstructors();
    for (Constructor c : conArray) {
        System.out.println(c);
    }
    System.out.println("**********获取所有公有的字段**********");
    Field[] fieldArray = clazz.getFields();
    for(Field f : fieldArray){
        System.out.println(f);
    }
    System.out.println("**********获取所有的字段(包括私有、受保护、默认的)**********");
    fieldArray = clazz.getDeclaredFields();
    for(Field f : fieldArray){
        System.out.println(f);
    }
}
}
```

程序运行结果如下。

```
**********************所有公有构造方法**********************
public test.Student(java.lang.String,int)
public test.Student()
public test.Student(char)
**********所有的构造方法(包括: 私有、受保护、默认、公有)**********
private test.Student(int)
protected test.Student(boolean)
public test.Student(java.lang.String,int)
test.Student(java.lang.String)
public test.Student()
public test.Student(char)
**********获取所有公有的字段**********
public java.lang.String test.Student.name
**********获取所有的字段(包括私有、受保护、默认的)**********
public java.lang.String test.Student.name
protected int test.Student.age
char test.Student.sex
private java.lang.String test.Student.phoneNum
```

【思考题】

如何通过反射找出 java.lang.Math 类的构造方法、属性、普通方法。

7.7 本 章 练 习

1. 定义一个 StringBuffer 类对象，然后通过 append()方法向对象里添加 26 个小写字母，要求每次只添加一个，共添加 26 次。

2. 编写程序，将字符串"2012-02-14　13:14:18.668"变为 Date 型数据。

3. 简述 String、StringBuffer、StringBuilder 的区别。

4. 如何使用 Java 的反射?

第8章 I/O流与文件

 **本章简介**

  在编写"Java工程师管理系统"和"租车系统"时，都存在这样一个问题：程序中所有数据都保存在内存中，一旦程序关闭，这些数据就都丢失了，这种情况肯定不符合用户的需求。通常在软件开发项目中，解决数据保存问题的办法主要有两类。其中，使用最广泛的一类是使用数据库保存大量数据，相关内容将在第11章中详细介绍。另外一类就是把数据保存在普通文件中。本章重点讲解文件I/O操作的File类、各种流类、对象序列化等相关知识。

学习任务工单

专业名称		所在班级		级	班
课程名称	I/O流与文件				
工学项目	数据流将数组信息存到数据文件data中，并从数据文件中读取数据用来输出车辆信息				
所属任务	字节流和字符流的使用和转换				
知识点	了解File类构造方法和File类使用				
技能点	掌握获取目录和文件、对象序列化、缓冲流				
操作标准					
评价标准	S	A	B	C	D
自我评价	级				
温习计划					
作业目标					

教学标准化清单

专业名称		所在班级	级　　班
课程名称	I/O 流与文件	工学项目	数据流将数组信息存到数据文件 data 中，并从数据文件中读取数据用来输出车辆信息
教学单元		练习单元	
教学内容	教学时长	练习内容	练习时长
File 类构造方法和 File 类使用	60 分钟	利用思维导图工具将本节所学的术语及编码方式进行整理	30 分钟
字节流和字符流的使用和转换	90 分钟	利用思维导图工具将本节所学的术语及编码方式进行整理	60 分钟
RandomAccessFile 类的使用	60 分钟	利用思维导图工具将本节所学的术语及编码方式进行整理	30 分钟

8.1　File 类

Java 是面向对象的语言，要想把数据存到文件中，必须有一个对象表示这个文件。File 类的作用是代表一个特定的文件或目录，并提供了若干方法对这些文件或目录进行各种操作。File 类在 java.io 包下，与系统输入/输出相关的类通常都在此包下。

8.1.1　File 类构造方法

构造一个 File 类的实例，并不是创建这个目录或文件，而是创建该路径（目录或文件）的一个抽象，它可能真实存在也可能不存在。

File 类的构造方法有如下 4 种。

（1）File(File parent, String child)：根据 parent 抽象路径名和 child 路径名字符串来创建一个新的 File 实例。

（2）File(String pathname)：通过将给定路径名字符串转换为抽象路径名来创建一个新的 File 实例。

（3）File(String parent, String child)：根据 parent 路径名字符串和 child 路径名字符串来创建一个新的 File 实例。

（4）File(URI uri)：通过将给定的 URI 类对象转换为一个抽象路径名来创建一个新的 File 实例。

在创建 File 类的实例时，有个问题尤其需要注意。Java 语言一个显著的特点是，Java 是跨平台的，可以做到"一次编译、到处运行"，所以在使用 File 类创建一个路径的抽象时，需要保证创建的这个 File 类也是跨平台的。但是，不同的操作系统对文件路径的设定各有不同的规则，例如，在 Windows 操作系统下，一个文件的路径可能是 C:\com\bd\zuche\TestZuChe.java，而在 Linux 和 UNIX 操作系统下，文件路径的格式就类似/home/bd/zuche/TestZuChe.java。

File 类提供了一些静态属性，通过这些静态属性，可以获得 Java 虚拟机所在操作系统的分隔符相关信息。具体分别如下。

（1）File.pathSeparator：与系统有关的路径分隔符，表示一个字符串。

（2）File.pathSeparatorChar：与系统有关的路径分隔符，表示一个字符。

（3）File.separator：与系统有关的默认名称分隔符，表示一个字符串。

（4）File.separatorChar：与系统有关的默认名称分隔符，表示一个字符。

在 Windows 平台下编译、运行下面程序，运行结果如图 8.1 所示。如果在 Linux 平台下运行，则 PATH 分隔符为";"，而路径分隔符为"\"。

```java
import java.io.File;
public class TestFileSeparator {
    public static void main(String[] args) {
        System.out.println("PATH 分隔符：" + File.pathSeparator);
        System.out.println("路径分隔符：" + File.separator);
    }
}
```

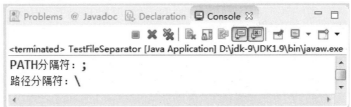

图 8.1　File 类分隔符程序运行结果

8.1.2　File 类使用

下面通过一个具体的例子来演示 File 类的一些常用方法，不易理解的代码通过注释加以描述。

```java
import java.io.*;
public class TestFile{
    public static void main(String args[]) throws IOException {
        System.out.print("文件系统根目录");
        for (File root : File.listRoots()) {
            //format()方法是使用指定格式化字符串输出
```

```
            System.out.format("%s ", root);
        }
        System.out.println();
        showFile();
    }
    public static void showFile() throws IOException{
        //创建 File 类对象 file，注意使用转义字符 "\"
        File f = new File("C:\\com\\bd\\zuche\\Vehicle.java");
        File f1 = new File("C:\\com\\bd\\zuche\\Vehicle1.java");
        //当不存在该文件时，创建一个新的空文件
        f1.createNewFile();
        System.out.format("输出字符串: %s%n", f);
        System.out.format("判断 File 类对象是否存在: %b%n", f.exists());
        //%tc，输出日期和时间
        System.out.format("获取 File 类对象最后修改时间: %tc%n", f.lastModified());
        System.out.format("判断 File 类对象是否是文件: %b%n", f.isFile());
        System.out.format("判断 File 类对象是否是目录: %b%n", f.isDirectory());
        System.out.format("判断 File 类对象是否有隐藏的属性: %b%n", f.isHidden());
        System.out.format("判断 File 类对象是否可读: %b%n", f.canRead());
        System.out.format("判断 File 类对象是否可写: %b%n", f.canWrite());
        System.out.format("判断 File 类对象是否可执行: %b%n", f.canExecute());
        System.out.format("判断 File 类对象是否是绝对路径: %b%n", f.isAbsolute());
        System.out.format("获取 File 类对象的长度: %d%n", f.length());
        System.out.format("获取 File 类对象的名称: %s%n", f.getName());
        System.out.format("获取 File 类对象的路径: %s%n", f.getPath());
        System.out.format("获取 File 类对象的绝对路径: %s%n",f.getAbsolutePath());
        System.out.format("获取 File 类对象父目录的路径: %s%n", f.getParent());
    }
}
```

编译、运行程序，结果如图 8.2 所示。

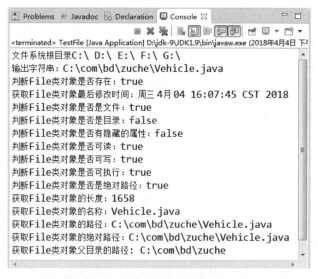

图 8.2　File 类对象的常用方法演示程序运行结果

程序中的代码 for(File root:File.listRoots()){…} 通过一个增强 for 循环，遍历 File.listRoots()方法获取的根目录集合（File 对象集合）。

f1.createNewFile();语句表示，当不存在该文件时，创建一个新的空文件，所以在 C:\com\bd\zuche\目录下创建了一个空文件，文件名为 Vehicle1.java。另外，这个方法在执行过程中，如果发生 I/O 错误，会抛出 IOException 检查时异常，必须要进行显式的捕获或继续向外抛出该异常。

System.out.format(format, args)是使用指定格式化字符串输出，其中，format 参数为格式化转换符。关于转换符的说明如表 8.1 所示。

表 8.1　转换符说明

转　换　符	说　　　明	转　换　符	说　　　明
%s	字符串类型	%f	浮点类型
%c	字符类型	%e	指数类型
%b	布尔类型	%%	百分比类型
%d	整数类型（十进制）	%n	换行符
%x	整数类型（十六进制）	%tx	日期与时间类型
%o	整数类型（八进制）		

8.1.3　获取目录和文件

File 类提供了一些方法，用来返回指定路径下的目录和文件。

（1）String[] list()：返回一个字符串数组，这些字符串指定此抽象路径名表示的目录中的文件和目录。

（2）String[] list(FilenameFilter filter)：返回一个字符串数组，这些字符串指定此抽象路径名表示的目录中满足指定过滤器的文件和目录。

（3）File[] listFiles()：返回一个抽象路径名数组，这些路径名表示此抽象路径名表示的目录中的文件和目录。

（4）File[] listFiles(FilenameFilter filter)：返回一个抽象路径名数组，这些路径名表示此抽象路径名表示的目录中满足指定过滤器的文件和目录。

接下来通过一个案例演示 File 类的这些方法的使用，其中，FilenameFilter 过滤器只需要简单了解即可。

```java
import java.io.*;
public class TestListFile{
    public static void main(String args[]) throws IOException {
        File f = new File("C:\\com\\bd\\zuche");
        System.out.println("***使用 list()方法获取 String 数组***");
        //返回一个字符串数组，由文件名组成
        String[] fNameList = f.list();
        for(String fName:fNameList){
            System.out.println(fName);
        }
```

```
System.out.println("***使用 listFiles()方法获取 File 数组***");
//返回一个 File 数组，由 File 实例组成
File[] fList = f.listFiles();
for(File f1:fList){
    System.out.println(f1.getName());
}
//使用匿名内部类创建过滤器，过滤出.java 结尾的文件
System.out.println("***使用 listFiles(filter)方法过滤出.java 文件***");
File[] fileList = f.listFiles(new FileFilter() {
    public boolean accept(File pathname) {
        if(pathname.getName().endsWith(".java"))
            return true;
        return false;
    }
});
for(File f1:fileList){
    System.out.println(f1.getName());
}
    }
}
```

编译、运行程序，其结果如图 8.3 所示。

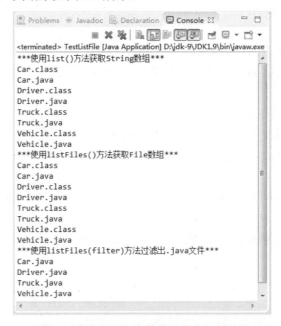

图 8.3   获取目录和文件演示程序运行结果

8.2   字节流和字符流

在正式学习字节流及字符流之前，我们有必要先来了解一下 I/O 流。

8.2.1　I/O 流

在 Java 中，文件的输入和输出是通过流（stream）来实现的，流的概念源于 UNIX 中管道（pipe）的概念。在 UNIX 系统中，管道是一条不间断的字节流，用来实现程序或进程间的通信，或读写外围设备、外部文件等。

一个流必有源端和目的端，它们可以是计算机内存的某些区域，也可以是磁盘文件，甚至可以是 Internet 上的某个 URL。对于流而言，我们不用关心数据是如何传输的，只需要向源端输入数据，从目的端获取数据即可。

输入流和输出流的示意图如图 8.4 和图 8.5 所示。

图 8.4　输入流示意图　　　　　　　图 8.5　输出流示意图

如何理解输入和输出呢？简单地说，听别人唠叨就是输入，向别人发牢骚就是输出。在计算机的世界，输入 Input 和输出 Output 都是针对计算机的内存而言。例如，读取一个硬盘上的文件，对于内存就是输入，向控制台打印输出一句话，就是输出。Java 中对于这类的输入/输出的操作统称为 I/O，即 Input/Output。

流是对 I/O 操作的形象描述，水从一个地方转移到另一个地方就形成了水流，而信息从一处转移到另一处就叫作 I/O 流。

输入流的抽象表示形式是接口 InputStream；输出流的抽象表示形式是接口 OutputStream。

JDK 中 InputStream 和 OutputStream 的实现就抽象了各种方式向内存读取信息和向外部输出信息的过程。我们之前常用的"System.out.println();"语句就是一个典型的输出流，目的是向控制台输出信息。而"new Scanner(System.in);"语句就是一个典型的输入流，读取控制台输入的信息。System.in 和 System.out 这两个变量就是 InputStream 和 OutputStream 的实例对象。

流按照处理数据的单位，可以分为字节流和字符流。字节流的处理单位是字节，通常用来处理二进制文件，如音乐、图片文件等。而字符流的处理单位是字符，因为 Java 采用 Unicode 编码，Java 字符流处理的即为 Unicode 字符，所以在操作汉字、国际化等方面，字符流具有优势。

8.2.2　字节流

所有的字节流类都继承 InputStream 或 OutputStream 这两个抽象类，这两个抽象类拥有的方法可以通过查阅 Java API 获得。JDK 提供了不少字节流，下面列举了 6 个输入字节流类，输出字节流类和输入字节流类存在对应关系，这里不再一一列举。

（1）FileInputStream：把一个文件作为输入源，从本地文件系统中读取数据字节，实现对文件的读取操作。

（2）ByteArrayInputStream：把内存中的一个缓冲区作为输入源，从内存数组中读取数据字节。

（3）ObjectInputStream：对以前使用 ObjectOutputStream 写入的基本数据和对象进行反序列化，用于恢复那些以前序列化的对象。注意：这个对象所属的类必须实现 Serializable 接口。

（4）PipedInputStream：实现了管道的概念，从线程管道中读取数据字节。主要在线程中使用，用于两个线程间通信。

（5）SequenceInputStream：表示其他输入流的逻辑串联。它从输入流的有序集合开始，并从第一个输入流开始读取，直到到达文件末尾，接着从第二个输入流读取，依次类推，直到到达包含的最后一个输入流的文件末尾为止。

（6）System.in：从用户控制台读取数据字节，在 System 类中，in 是 InputStream 类的静态对象。

接下来我们通过一个案例来说明如何使用 FileInputStream 和 FileOutputStream 两个字节流类，实现复制文件内容的目的。

```java
import java.io.*;
public class TestByteStream{
    public static void main(String[] args) throws IOException {
        FileInputStream in = null;
        FileOutputStream out = null;
        try{
            File f = new File("C:\\com\\bd\\zuche\\Vehicle1.java");
            f.createNewFile();
            //通过构造方法之一：String 构造输入流
            in = new FileInputStream("C:\\com\\bd\\zuche\\Vehicle.java");
            //通过构造方法之一：File 类构造输出流
            out = new FileOutputStream(f);
            //通过逐个读取、存入字节，实现文件复制
            int c;
            while ((c = in.read()) != -1) {
                out.write(c);
            }
        }catch(IOException e){
            System.out.println(e.getMessage());
        }finally{
            if(in != null){
                in.close();
            }
            if(out != null){
                out.close();
            }
```

```
        }
    }
}
```

上面的代码分别通过传入字符串和 File 类创建了文件输入流和输出流，然后调用输入流类的 read()方法从输入流读取字节，再调用输出流的 write()方法写入字节，从而实现了复制文件内容的目的。

代码中有两个细节需要注意：一是 read()方法碰到数据流末尾，返回的是-1；二是在输入、输出流用完之后，要在异常处理的 finally 块中关闭输入、输出流，节省资源。

编译、运行程序，C:\com\bd\zuche 目录下新建了一个 Vehicle1.java 文件，打开该文件和 Vehicle.java 对比，内容一致。再次运行程序，并再次打开 Vehicle1.java 文件，Vehicle1.java 里面的原内容没有再重复增加一遍，这说明输出流的 write()方法是覆盖文件内容，而不是在文件内容后面添加内容。如果想采用添加的方式，则在使用构造方法创建字节输出流时，增加第二个值为 true 的参数即可，如 new FileOutputStream(f,true)。

程序中，通过 f.createNewFile();代码创建了 Vehicle1.java 文件，然后从 Vehicle.java 向 Vehicle1.java 实施内容复制。如果注释掉创建文件的这行代码（或删除之前创建的 Vehicle1.java 文件），编译、运行程序，会自动创建出这个文件吗？请大家自己尝试！

接下来列举 InputStream 输入流的可用方法。

（1）int read()：从输入流中读取数据的下一个字节，返回 0～255 范围内的 int 型字节值。

（2）int read(byte[] b)：从输入流中读取一定数量的字节，并将其存储在字节数组 b 中，以整数形式返回实际读取的字节数。

（3）int read(byte[] b, int off, int len)：将输入流中最多 len 个数据字节读入字节数组 b 中，以整数形式返回实际读取的字节数，off 指数组 b 中将写入数据的初始偏移量。

（4）void close()：关闭此输入流，并释放与该流关联的所有系统资源。

（5）int available()：返回此输入流下一个方法调用可以不受阻塞地从此输入流读取（或跳过）的估计字节数。

（6）void mark(int readlimit)：在此输入流中标记当前的位置。

（7）void reset()：将此输入流重新定位到最后一次对此输入流调用 mark()方法时的位置。

（8）boolean markSupported()：判断此输入流是否支持 mark()和 reset()方法。

（9）long skip(long n)：跳过和丢弃此输入流中数据的 n 个字节。

8.2.3　字符流

所有的字符流类都继承 Reader 和 Writer 这两个抽象类，其中，Reader 是用于读取字符流的抽象类，子类必须实现的方法只有 read(char[], int, int)和 close()。但是，多数子类重写了此处定义的一些方法，以提供更高的效率或完成其他功能。Writer 是用于写入字符流的抽象类，和 Reader 类对应。

Reader 和 Writer 要解决的最主要问题是国际化。原先的 I/O 类库只支持 8 位的字节流，因此不能很好地处理 16 位的 Unicode 字符。Unicode 是国际化的字符集，这样增加了 Reader

和 Writer 之后，就可以自动在本地字符集和 Unicode 国际化字符集之间进行转换，程序员在应对国际化时不需要做过多额外的处理。

JDK 提供了一些字符流实现类，下面列举了部分输入字符流类，同样，输出字符流类和输入字符流类存在对应关系，这里不再一一列举。

（1）FileReader：与 FileInputStream 对应，从文件系统中读取字符序列。

（2）CharArrayReader：与 ByteArrayInputStream 对应，从字符数组中读取数据。

（3）PipedReader：与 PipedInputStream 对应，从线程管道中读取字符序列。

（4）StringReader：从字符串中读取字符序列。

之前的案例我们通过字节流实现了复制文件内容的目的，接下来使用 FileReader 和 FileWriter 这两个字符流类实现相同的效果。和上一个程序不同的是，这个程序的源文件名及目标文件名不是写死在程序里面，也不是在程序运行过程中由用户输入，而是在执行程序时，作为参数传递给程序源文件名及目标文件名。具体代码如下。

```java
import java.io.*;
public class TestCharStream{
    public static void main(String[] args) throws IOException {
        FileReader in = null;
        FileWriter out = null;
        try{
            //其中 args[0]代表程序执行时输入的第一个参数
            in = new FileReader(args[0]);
            out = new FileWriter(args[1]);
            //通过逐个读取、存入字符，实现文件复制
            int c;
            while ((c = in.read()) != -1) {
                out.write(c);
            }
        }catch(IOException e){
            System.out.println(e.getMessage());
        }finally{
            if(in != null){
                in.close();
            }
            if(out != null){
                out.close();
            }
        }
    }
}
```

上面的代码和 TestByteStream 的代码类似，只是分别使用了字符流类或字节流类，逐个读取和写入的分别是字符或字节。

编译、运行程序，运行时在命令行输入"java TestCharStream C:\com\bd\zuche\Vehicle.java C:\com\bd\zuche\Vehicle2.java"，其中，C:\com\bd\zuche\Vehicle.java 是第一个参数，C:\com\bd\zuche\Vehicle2.java 是第二个参数，运行结束后在 C:\com\bd\zuche 目录下新建了

一个 Vehicle2.java 文件，内容和 Vehicle.java 文件内容一致。

在程序里，main()方法中有 args 这个字符串数组参数，通过这个参数，可以获取用户执行程序时输入的多个参数，其中，args[0]代表程序执行时用户输入的第一个参数，args[1]代表程序执行时用户输入的第二个参数，依次类推。

接下来列举 Writer 输出字符流的可用方法，希望大家有所了解。注意：这些方法操作的数据是 char 类型，不是 byte 类型。

（1）Writer append(char c)：将指定字符添加到此 Writer，此处是添加，不是覆盖。

（2）Writer append(CharSequence csq)：将指定字符序列添加到此 Writer。

（3）Writer append(CharSequence csq, int start, int end)：将指定字符序列的子序列添加到此 Writer。

（4）void write(char[] cbuf)：写入字符数组。

（5）void write(char[] cbuf, int off, int len)：写入字符数组的某一部分。

（6）void write(int c)：写入单个字符。

（7）void write(String str)：写入字符串。

（8）void write(String str, int off, int len)：写入字符串的某一部分。

（9）void close()：关闭此流。

8.3　对象序列化

Java 中提供了 ObjectInputStream 和 ObjectOutputStream 两个类用于序列化对象的操作。这两个类是用于存储和读取对象的输入流类，只要把对象中的成员变量都存储起来，就等于保存了这个对象。但要求对象必须实现 Serializable 接口。Serializable 接口中没有定义任何方法，仅仅被用作一种标记，已被编译器做特殊处理。

接下来通过一个案例来说明如何使用 ObjectInputStream 和 ObjectOutputStream 两个类。

在 Java 中，只要一个类实现了 java.io.Serializable 接口，那么它就可以被序列化。此处将创建一个可序列化的类 Person，相关代码如下。

```
public enum Gender {
    MALE, FEMALE
}
```

Gender 类是一个枚举类型，表示性别。每个枚举类型都会默认继承类 java.lang.Enum，而该类实现了 Serializable 接口，所以枚举类型对象都是默认可以被序列化的。

下面定义的 Person 类实现了 Serializable 接口，它包含 3 个字段：name，String 类型；age，Integer 类型；gender，Gender 类型。另外，还重写该类的 toString()方法，以方便打印 Person 实例中的内容。

```
import java.io.Serializable;
public class Person implements Serializable {
    private String name = null;
```

```
    private Integer age = null;
    private Gender gender = null;
    public Person() {
            System.out.println("none-arg constructor");
    }
    public Person(String name, Integer age, Gender gender) {
      System.out.println("arg constructor");
        this.name = name;
        this.age = age;
        this.gender = gender;
    }
    public String getName() {
        return name;
    }
    public void setName(String name) {
        this.name = name;
    }
    public Integer getAge() {
        return age;
    }
    publicvoid setAge(Integer age) {
        this.age = age;
    }
    public Gender getGender() {
        return gender;
    }
    public void setGender(Gender gender) {
        this.gender = gender;
    }
    public String toString() {
        return"[" + name + ", " + age + ", " + gender + "]";
    }
}
```

下面定义的类 SerializableDemo 是一个简单的序列化程序，它先将一个 Person 对象保存到文件 person.out 中，然后再从该文件中读出被存储的 Person 对象，并打印该对象。

```
public class SerializableDemo {
    public static void main(String[] args) throws Exception {
        File file = new File("person.out");
        ObjectOutputStream oout = new ObjectOutputStream(new FileOutputStream(file));
        Person person = new Person("John", 101, Gender.MALE);
        oout.writeObject(person);
        oout.close();
        ObjectInputStream oin = new ObjectInputStream(new FileInputStream(file));
        Object newPerson = oin.readObject();          //没有强制转换到 Person 类型
        oin.close();
        System.out.println(newPerson);
    }
}
```

对以上程序进行编译，运行结果如图 8.6 所示。

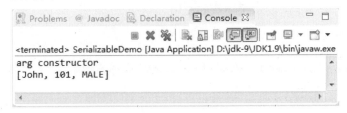

图 8.6　对象序列化程序运行结果

此时必须注意，当重新读取被保存的 Person 对象时，并没有调用 Person 的任何构造器，看起来就像是直接使用字节将 Person 对象还原出来。

当 Person 对象被保存到 person.out 文件中之后，可以从其他地方读取该文件以还原对象，但必须确保该读取程序的 classpath 中包含有 Person.class（即使在读取 Person 对象时并没有显式地使用 Person 类，如上例所示），否则会抛出 ClassNotFoundException。

8.4　其　他　流

到目前为止，我们使用的字节流、字符流都是无缓冲的输入、输出流，这就意味着，每一次的读、写操作都会交给操作系统来处理。该做法可能会对系统的性能造成很大的影响，因为每一次操作都可能引发磁盘硬件的读、写或网络的访问，这些磁盘硬件读、写和网络访问会占用大量系统资源，影响效率。

8.4.1　缓冲流

之前介绍的字节流和字符流，因为没有使用缓冲区等其他原因，一般不直接使用。在实际编程过程中，这些对象的引用还要传入装饰类中去，动态地给这些对象增加额外的功能，形成新的对象，这些新的对象才是我们实际需要的字节流和字符流对象。这个过程同时也说明了装饰器模式是使用的。装饰类的使用如下所示。

```
FileInputStream fis = new FileInputStream("Car.java");
装饰器类 in = new 装饰器类(fis);
```

缓冲流是一种装饰器类，目的是让原字节流、字符流新增缓冲的功能。以字符缓冲流为例进行说明，字符缓冲流从字符流中读取、写入字符，不立刻要求系统进行处理，而是缓冲部分字符，从而实现按规定字符数、按行等方式高效地读取或写入。缓冲流缓冲区的大小可以指定（通过缓冲流构造方法指定），也可以使用默认的大小，多数情况下默认大小已够使用。

通过一个输入字符流和输出字符流创建输入字符缓冲流和输出字符缓冲流的代码如下。

```
BufferedReader in = new BufferedReader(new FileReader("Car.java"));
BufferedWriter out = new BufferedWriter(new FileWriter("Truck.java "));
```

输入字符缓冲流类、输出字符缓冲流类的方法和输入字符流类、输出字符流类的方法类似。下面通过一个例子来演示缓冲流的使用。

```java
import java.io.*;
public class TestBufferStream{
    public static void main(String[] args) throws IOException {
        BufferedReader in = null;
        BufferedWriter out = null;
        try{
            in = new BufferedReader(new FileReader("C:\\com\\bd\\zuche\\Vehicle.java"));
            out = new BufferedWriter(new FileWriter("C:\\com\\bd\\zuche\\Vehicle2.java"));
            //逐行读取、存入字符串，实现文件复制
            String s;
            while ((s = in.readLine()) != null) {
                out.write(s);
                //写入一个分行符，否则内容将在一行显示
                out.newLine();
            }
        }catch(IOException e){
            System.out.println(e.getMessage());
        }finally{
            if(in != null){
                in.close();
            }
            if(out != null){
                out.close();
            }
        }
    }
}
```

上面的代码在读取数据时，使用的是 BufferedReader 缓冲流的 readLine()方法，获取该行字符串并存储到 String 对象里。在输出的时候，使用的是 BufferedWriter 缓冲流的 write(s)方法，把获取的字符串输出到 Vehicle2.java 文件。有一个地方需要注意，在每次调用 write(s)方法之后，要调用输出缓冲流的 newLine()方法写入一个分行符，否则所有内容将在一行显示。

有些情况下，不是非要等到缓冲区满才向文件系统写入。例如，在处理一些关键数据时，需要立刻将这些关键数据写入文件系统，这时则可以调用 flush()方法，手动刷新缓冲流。另外，在关闭流时，也会自动刷新缓冲流中的数据。

flush()方法的作用就是刷新该流的缓冲。如果该流已保存缓冲区中各种 write()方法的所有字符，则立即将它们写入预期目标。如果该目标是另一个字符或字节流，也将其刷新。因此，一次 flush()调用将刷新 Writer 和 OutputStream 链中的所有缓冲区。

8.4.2 字节流转换为字符流

假设有如下需求：使用一个输入字符缓冲流读取用户在命令行输入的一行数据。

首先，分析这个需求，得知需要用输入字符缓冲流读取数据，我们可以使用刚才学习的 BufferedReader 类。其次，该需求需要获取的是用户在命令行输入的一行数据，由于 System.in 是 InputStream 类（字节输入流）的静态对象，可以从命令行读取数据字节。最后需要把一个字节流转换成一个字符流，我们可以使用 InputStreamReader 和 OutputStreamWriter 这两个类来进行转换。

完成上面需求的代码如下。通过该段代码，我们可以了解如何将字节流转换成字符流。

```java
import java.io.*;
public class TestByteToChar{
    public static void main(String[] args) throws IOException {
        BufferedReader in = null;
        try{
            //将字节流 System.in 通过 InputStreamReader 转换成字符流
            in = new BufferedReader(new InputStreamReader(System.in));
            System.out.print("请输入你今天最想说的话：");
            String s = in.readLine();
            System.out.println("你最想表达的是：" + s);
        }catch(IOException e){
            System.out.println(e.getMessage());
        }finally{
            if(in != null){
                in.close();
            }
        }
    }
}
```

刚才提到的将字节流转换为字符流，实际上使用了一种设计模式——适配器模式。适配器模式的作用是将一个类的接口转换成客户希望的另外一个接口，该模式使得原本由于接口不兼容而不能一起工作的那些类可以一起工作。

8.4.3　数据流

数据流，简单来说就是容许字节流直接操作基本数据类型和字符串。

假设程序员使用整型数组 types 存储车型信息（1 代表轿车、2 代表卡车），用数组 names、oils、losss 和 others 分别存储车名、油量、车损度和品牌（或吨位）的信息。现要求使用数据流将数组信息存到数据文件 data 中，并从数据文件中读取数据用来输出车辆信息。

```java
import java.io.*;
public class TestData{
    static final String dataFile = "C:\\com\\bd\\zuche\\data";//数据存储文件
    //标识车类型：1 代表轿车、2 代表卡车
    static final int[] types = {1,1,2,2};
    static final String[] names = { "战神","跑得快","大力士","大力士二代"};
    static final int[] oils = {20,40,20,30};
```

```
static final int[] losss = {0,20,0,30};
static final String[] others = { "长城","红旗","5 吨","10 吨"};
static DataOutputStream out = null;
static DataInputStream in = null;

public static void main(String[] args) throws IOException {
    try {
        //输出数据流，向 dataFile 输出数据
        out = new DataOutputStream(new BufferedOutputStream(new FileOutputStream(dataFile)));
        for (int i = 0; i < types.length; i++) {
            out.writeInt(types[i]);
            //使用 UTF-8 编码将一个字符串写入基础输出流
            out.writeUTF(names[i]);
            out.writeInt(oils[i]);
            out.writeInt(losss[i]);
            out.writeUTF(others[i]);
        }
    }finally {
        out.close();
    }
    try{
        int type,oil,loss;
        String name,other;
        //输出数据流，从 dataFile 读出数据
        in = new DataInputStream(new BufferedInputStream(new FileInputStream(dataFile)));
        while(true)
        {
            type = in.readInt();
            name = in.readUTF();
            oil = in.readInt();
            loss = in.readInt();
            other = in.readUTF();
            if(type == 1){
                System.out.println("显示车辆信息：\n 车型：轿车 车辆名称为：" + name +
                    " 品牌是：" + other + " 油量是：" + oil + " 车损度为：" + loss);
            }else{
                System.out.println("显示车辆信息：\n 车型：卡车 车辆名称为：" + name +
                    " 吨位是：" + other + " 油量是：" + oil + " 车损度为：" + loss);
            }
        }
    }catch(EOFException e){
        //EOFException 作为读取结束的标志
    }finally {
        in.close();
    }
}
}
```

编译、运行程序，其结果如图 8.7 所示。

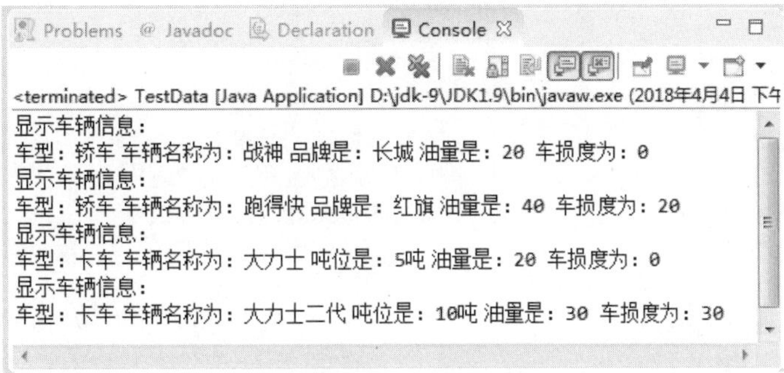

图 8.7　使用数据流存取车辆信息程序运行结果

8.5　RandomAccessFile 类

RandomAccessFile 类是 Java 语言中最为丰富的文件访问类，其支持"随机访问"的方式，可以跳转到文件的任意位置处读写数据。RandomAccessFile 类有以下两种构造方法。

```
new RandomAccessFile(f,"rw");            //读写方式打开
new RandomAccessFile(f,"r");             //读方式
```

其中，f 是一个 File 对象，示例代码如下。

```
File f=new File("c:\\JavaDemo" + File.separator + "test.txt");
RandomAccessFile rdf =new RandomAccessFile(f, "rw");
```

RandomAccessFile 对象类有一个位置指示器，指向当前读写处的位置，当读写 *n* 个字节后，文件指示器将指向这 *n* 个字节下一个字节处。刚打开文件时，文件指示器指向文件的开头处。其相应方法参考官方 API 文档。

下面通过一个例子来演示 RandomAccessFile 类的使用。

编写一个学生信息的输入、输出程序。一条学生信息就是文件中的一条记录，而且必须保证每条记录在文件中的大小相同，即各字段在文件中的长度是一样的，这样才能准确定位每条信息记录在文件中的具体位置。假设 name 字段有 8 个字符，age 字段有 4 个字符，学生信息写入文件的代码如下。

```
import java.io.File;
import java.io.RandomAccessFile;
public class RandomAccessFileDemo1 {
    //所有的异常直接抛出，程序中不再进行处理
    public static void main(String args[]) throws Exception {
        File f = new File("c:\\JavaDemo" + File.separator + "test.txt");
        //指定要操作的文件
        if(!f.exists()) { f.createNewFile(); }
        RandomAccessFile rdf = null;            //声明 RandomAccessFile 类的对象
        rdf = new RandomAccessFile(f, "rw");
        //读写模式，如果文件不存在，则自动创建
```

```
        String name = null;
        int age = 0;
        name = "zhangsan";                //字符串长度为8
        age = 30;                         //数字的长度为4
        rdf.writeBytes(name);             //将姓名写入文件之中
        rdf.writeInt(age);                //将年龄写入文件之中
        name = "lisi      ";             //字符串长度为8
        age = 31;                         //数字的长度为4
        rdf.writeBytes(name);             //将姓名写入文件之中
        rdf.writeInt(age);                //将年龄写入文件之中
        name = "wangwu    ";             //字符串长度为8
        age = 32;                         //数字的长度为4
        rdf.writeBytes(name);             //将姓名写入文件之中
        rdf.writeInt(age);                //将年龄写入文件之中
        rdf.close();                      //关闭
    }
}
```

读取学生信息的代码如下。

```
import java.io.File;
import java.io.RandomAccessFile;
public class RandomAccessFileDemo2{
//所有的异常直接抛出，程序中不再进行处理
        public static void main(String args[]) throws Exception{
        File f = new File("c:\\JavaDemo" + File.separator + "test.txt") ;
            //指定要操作的文件
            RandomAccessFile rdf = null ;
            //声明 RandomAccessFile 类的对象
            rdf = new RandomAccessFile(f,"r") ;
            //以只读的方式打开文件
            String name = null ;
            int age = 0 ;
            byte b[] = newbyte[8] ;              //创建 byte 数组
            //读取第二个人的信息，意味着要空出第一个人的信息
            rdf.skipBytes(12) ;                  //跳过第一个人的信息
            for(int i = 0;i < b.length;i++){
                b[i] = rdf.readByte() ;          //读取一个字节
            }
            name = new String(b) ;               //将读取出来的 byte 数组变为字符串
            age = rdf.readInt() ;                //读取数字
            System.out.println("第二个人的信息  --> 姓名：" + name + "; 年龄：" + age) ;
            //读取第一个人的信息
            rdf.seek(0) ;                        //指针回到文件的开头
            for(int i = 0;i < b.length;i++){
                b[i] = rdf.readByte() ;          //读取一个字节
            }
            name = new String(b) ;               //将读取出来的 byte 数组变为字符串
            age = rdf.readInt() ;                //读取数字
            System.out.println("第一个人的信息  --> 姓名：" + name + "; 年龄：" + age) ;
```

```
            rdf.skipBytes(12) ;              //空出第二个人的信息
            for(int i = 0;i < b.length;i++){
                b[i] = rdf.readByte() ;         //读取一个字节
            }
            name = new String(b) ;          //将读取出来的 byte 数组变为字符串
            age = rdf.readInt() ;            //读取数字
            System.out.println("第三个人的信息  --> 姓名: " + name + "; 年龄: " + age) ;
            rdf.close() ;                    //关闭
        }
}
```

首先，运行程序 RandomAccessFileDemo1.java，完成数据的写入，然后，运行 RandomAccessFileDemo2，将先前写入的数据读出。对以上程序进行编译，运行结果如图 8.8 所示。

图 8.8　RandomAccessFil 类程序运行结果

8.6　创新素质拓展

8.6.1　学读汉字

【目的】

掌握字符输入、输出流的用法。

【要求】

编写一个 Java 应用程序，要求如下。

（1）可以将一个由汉字字符组成的文本文件读入程序中。

（2）单击"下一个汉字"按钮，可以在一个标签中显示程序读入的一个汉字。

（3）单击"发音"按钮，可以听到标签上显示的汉字的读音。

（4）用户可以使用文本编辑器编辑程序中用到的 3 个由汉字字符组成的文本文件：training1.txt、training2.txt 和 training.txt。这些文本文件中的汉字需要用空格、逗号或回车分隔。

（5）需要自己制作相应的声音文件，比如，training1.txt 文件包含汉字"你"，那么在当前应用程序的运行目录中需要有"你.wav"格式的声音文件。

（6）用户选择"帮助"菜单，可以查看软件的帮助信息。

【程序运行效果示例】

程序运行效果如图 8.9 所示。

图 8.9　程序运行效果图

【程序模板】

ChineseCharacters.java

```java
import java.io.*;
import java.util.StringTokenizer;
public class ChineseCharacters
{   public StringBuffer getChinesecharacters(File file)
    {   StringBuffer hanzi=new StringBuffer();
        try{   FileReader inOne=【代码 1】          //创建指向文件 f 的 inOne 的对象
               BufferedReader inTwo=【代码 2】       //创建指向文件 inOne 的 inTwo 的对象
               String s=null;
               int i=0;
               while((s=【代码 3】)!=null)           //inTwo 读取一行
               {   StringTokenizer tokenizer=new StringTokenizer(s,",'\n' ");
                   while(tokenizer.hasMoreTokens())
                   {   hanzi.append(tokenizer.nextToken());
                   }
               }
           }
        catch(Exception e) {}
        return hanzi;
    }
}
```

StudyFrame.java

```java
import java.awt.*;
import java.awt.event.*;
import java.io.*;
import javax.sound.sampled.*;
public class StudyFrame extends Frame implements ItemListener, ActionListener, Runnable
{   ChineseCharacters chinese;
    Choice choice;
```

```
Button getCharacters, voiceCharacters;
Label showCharacters;
StringBuffer trainedChinese = null;
Clip clip = null;
Thread voiceThread;
int k = 0;
Panel pCenter;
CardLayout mycard;
TextArea textHelp;
MenuBar menubar;
Menu menu;
MenuItem help;
public StudyFrame()
{   chinese = new ChineseCharacters();
    choice = new Choice();
    choice.add("training1.txt");
    choice.add("training2.txt");
    choice.add("training3.txt");
    showCharacters = new Label("", Label.CENTER);
    showCharacters.setFont(new Font("宋体", Font.BOLD, 72));
    showCharacters.setBackground(Color.green);
    getCharacters = new Button("下一个汉字");
    voiceCharacters = new Button("发音");
    voiceThread = new Thread(this);
    choice.addItemListener(this);
    voiceCharacters.addActionListener(this);
    getCharacters.addActionListener(this);
    Panel pNorth = new Panel();
    pNorth.add(new Label("选择一个汉字字符组成的文件"));
    pNorth.add(choice);
    add(pNorth, BorderLayout.NORTH);
    Panel pSouth = new Panel();
    pSouth.add(getCharacters);
    pSouth.add(voiceCharacters);
    add(pSouth, BorderLayout.SOUTH);
    pCenter = new Panel();
    mycard = new CardLayout();
    pCenter.setLayout(mycard);
    textHelp = new TextArea();
    pCenter.add("hanzi", showCharacters);
    pCenter.add("help", textHelp);
    add(pCenter, BorderLayout.CENTER);
    menubar = new MenuBar();
    menu = new Menu("帮助");
    help = new MenuItem("关于学汉字");
    help.addActionListener(this);
    menu.add(help);
    menubar.add(menu);
```

```
        setMenuBar(menubar);
        setSize(350, 220);
        setVisible(true);
        addWindowListener(new WindowAdapter()
                {   public void windowClosing(WindowEvent e)
                    {   System.exit(0);
                    }
                });
    validate();
}
public void itemStateChanged(ItemEvent e)
{   String fileName = choice.getSelectedItem();
    File file = new File(fileName);
    trainedChinese = chinese.getChinesecharacters(file);
    k = 0;
    mycard.show(pCenter, "hanzi") ;
}
public void actionPerformed(ActionEvent e)
{   if(e.getSource() == getCharacters)
    {   if(trainedChinese!=null)
        {   char c = trainedChinese.charAt(k);
            k++;
            if(k>=trainedChinese.length())
              k = 0;
            showCharacters.setText(""+c);
        }
        else
        { showCharacters.setText("请选择一个汉字字符文件");
        }
    }
    if(e.getSource()==voiceCharacters)
    {   if(!(voiceThread.isAlive()))
        { voiceThread=new Thread(this);
        }
        try{ voiceThread.start();
            }
        catch(Exception exp){}
    }
    if(e.getSource()==help)
    {   mycard.show(pCenter,"help") ;
        try{ File helpFile=new File("help.txt");
            FileReader inOne=【代码 4】        //创建指向文件 helpFile 的 inOne 的对象
            BufferedReader inTwo=【代码 5】     //创建指向文件 inOne 的 inTwo 的对象
            String s=null;
            while((s=inTwo.readLine())!=null)
            {   textHelp.append(s+"\n");
            }
            inOne.close();
```

```
            inTwo.close();
        }
    catch(IOException exp){}
    }
  }
 public void run()
 {  voiceCharacters.setEnabled(false);
    try{ if(clip!=null)
        { clip.close();
        }
        clip=AudioSystem.getClip();
    File voiceFile=new File(showCharacters.getText().trim()+".wav");
        clip.open(AudioSystem.getAudioInputStream(voiceFile));
    }
    catch(Exception exp){}
    clip.start();
    voiceCharacters.setEnabled(true);
    }
}
```

StudyMainClass.java

```
public class StudyMainClass
{  public static void main(String args[])
   {  new StudyFrame();
   }
}
```

【思考题】

在 StudyFrame 类中增加一个按钮 previousButton，单击该按钮可以读取前一个汉字。

8.6.2　统计英文单词

【目的】

掌握 RandomAccessFile 类的使用方法。

【要求】

使用 RandomAccessFile 流统计一篇英文中的单词，要求如下。

（1）一共出现了多少个单词。

（2）有多少个互不相同的单词。

（3）给出每个单词出现的频率，并将这些单词按频率大小顺序显示在一个 TextArea 中。

【程序运行效果示例】

程序运行效果如图 8.10 所示。

153

图 8.10 程序运行效果图

【程序模板】

WordStatistic.java

```java
import java.io.*;
import java.util.Vector;
public class WordStatistic
{ Vector allWorsd,noSameWord;
  WordStatistic()
  {  allWorsd=new Vector();
     noSameWord=new Vector();
  }
  public void wordStatistic(File file)
  {   try{    RandomAccessFile inOne=【代码 1】        //创建指向文件 file 的 inOne 的对象
              RandomAccessFile inTwo=【代码 2】        //创建指向文件 file 的 inTwo 的对象
              long wordStarPostion=0,wordEndPostion=0;
              long length=inOne.length();
              int flag=1;
              int c=-1;
              for(int k=0;k<=length;k++)
              {   c=【代码 3】                          //inOne 调用 read()方法
                  boolean boo=(c<='Z'&&c>='A')||(c<='z'&&c>='a');
                  if(boo)
                  {  if(flag==1)
                     {  wordStarPostion=inOne.getFilePointer()-1;
                        flag=0;
                     }
                  }
                  else
                  { if(flag==0)
                    {
                        if(c==-1)
                            wordEndPostion=inOne.getFilePointer();
                        else
                            wordEndPostion=inOne.getFilePointer()-1;
```

```
        【代码4】 //inTwo 调用 seek()方法将读写位置移动到 wordStarPostion
        byte cc[]=new byte[(int)wordEndPostion-(int)wordStarPostion];
        【代码5】 //inTwo 调用 readFully(byte a)方法,向 a 传递 cc
        String word=new String(cc);
        allWorsd.add(word);
        if(!(noSameWord.contains(word)))
            noSameWord.add(word);


                }
              flag=1;
            }
          }
        inOne.close();
        inTwo.close();
        }
      catch(Exception e){System.out.print(e);}
    }
  public Vector getAllWorsd()
  {   return allWorsd;
  }
  public Vector getNoSameWord()
  {   return noSameWord;
  }
}
```

StatisticFrame.java

```java
import java.awt.*;
import java.awt.event.*;
import java.util.Vector;
import java.io.File;
public class StatisticFrame extends Frame implements ActionListener
{  WordStatistic statistic;
   TextArea showMessage;
   Button openFile;
   FileDialog   openFileDialog;
   Vector allWord,noSameWord;
   public StatisticFrame()
   {  statistic=new WordStatistic();
      showMessage=new TextArea();
      openFile=new Button("Open File");
      openFile.addActionListener(this);
      add(openFile,BorderLayout.NORTH);
      add(showMessage,BorderLayout.CENTER);
      openFileDialog=new FileDialog(this,"打开文件话框",FileDialog.LOAD);
      allWord=new Vector();
      noSameWord=new Vector();
      setSize(350,300);
      setVisible(true);
      addWindowListener(new WindowAdapter()
```

```
                { public void windowClosing(WindowEvent e)
                    { System.exit(0);
                    }
                });
        validate();
    }
  public void actionPerformed(ActionEvent e)
    { noSameWord.clear();
      allWord.clear();
      showMessage.setText(null);
      openFileDialog.setVisible(true);
      String fileName=openFileDialog.getFile();
      if(fileName!=null)
        {
statistic.wordStatistic(new File(openFileDialog.getDirectory(),fileName));
          allWord=statistic.getAllWorsd();
          noSameWord=statistic.getNoSameWord();
          showMessage.append("\n"+fileName+"中有"+allWord.size()+"个英文单词");
          showMessage.append("\n 其中有"+noSameWord.size()+"个互不相同英文单词");
          showMessage.append("\n 按使用频率排列：\n");
          int count[]=new int[noSameWord.size()];
          for(int i=0;i<noSameWord.size();i++)
          { String s1=(String)noSameWord.elementAt(i);
              for(int j=0;j<allWord.size();j++)
              { String s2=(String)allWord.elementAt(j);
                  if(s1.equals(s2))
                      count[i]++;
              }
          }
          for(int m=0;m<noSameWord.size();m++)
          { for(int n=m+1;n<noSameWord.size();n++)
            { if(count[n]>count[m])
                { String temp=(String)noSameWord.elementAt(m);
                  noSameWord.setElementAt((String)noSameWord.elementAt(n),m);
                  noSameWord.setElementAt(temp,n);
                  int t=count[m];
                  count[m]=count[n];
                  count[n]=t;
                }
            }
          }
          for(int m=0;m<noSameWord.size();m++)
          { showMessage.append("\n"+(String)noSameWord.elementAt(m)+
                              ":"+count[m]+"/"+allWord.size()+
                              "="+(1.0*count[m])/allWord.size());
          }
        }
    }
}
```

StatisticMainClass.java

```
public class StatisticMainClass
{   public static void main(String args[])
    {   new StatisticFrame();
    }
}
```

【思考题】

在 StatisticFrame 的 showMessage 中增加单词按字典顺序排序输出的信息。

学习 Java 中的 Dialog 与 FileDialog 类、java.util.vector 中 vector 的详细用法等相关知识可扫如下二维码获取。

8.7 本 章 练 习

1. 要使编写的 Java 程序具有跨平台性，则在进行文件操作时，需要注意什么？
2. 请描述字节流和字符流的区别，并说明使用字符流的好处。
3. 请描述什么是静态导入以及静态导入的优缺点。
4. 请描述为什么需要使用缓冲流。

第9章 Java 多线程编程

 **本章简介**

    线程指的是进程中一个单一顺序的控制流。一个进程中可以并发多个线程，每条线程并行执行不同的任务。多线程是多任务的一种特殊的形式，但多线程使用了更小的资源开销。多线程能满足程序员编写高效率的程序来达到充分利用 CPU 的目的。

学习任务工单

专业名称		所在班级		级　　班
课程名称	Java 多线程编程			
工学项目	多线程并发控制			
所属任务	线程的生命周期、创建和启动及并发控制			
知识点	了解线程和进程的概念			
技能点	掌握多线程并发控制			
操作标准				
评价标准	S	A	B	C	D
自我评价	级			
温习计划				
作业目标				

教学标准化清单

专业名称		所在班级	级　　　班
课程名称	Java 多线程编程	工学项目	多线程并发控制
教学单元		练习单元	
教学内容	教学时长	练习内容	练习时长
线程的生命周期	30 分钟	利用思维导图工具将本节所学的术语及编码方式进行整理	30 分钟
线程的创建和启动、并发控制	60 分钟	利用思维导图工具将本节所学的术语及编码方式进行整理	60 分钟
Wait() 与 notify() 和 notifyAll() 方法	60 分钟	利用思维导图工具将本节所学的术语及编码方式进行整理	30 分钟

9.1　线程和进程的概念

程序是完成某个功能的指令集合，是一个静态的概念。例如，记事本是一个程序，Office Word 也是一个程序。进程和线程是动态的概念，它们反映了程序在计算机 CPU 和内存等设备中执行的过程。进程是具有一定独立功能的程序关于某个数据集合的一次运行活动，是操作系统进行资源分配和调度运行的基本单位。一个程序可能包含多个进程，不同进程可以执行同一个程序。每个进程都有自己的生命周期，即从创建到完成任务后退出。在多任务系统中不同进程轮流占用 CPU 时间片。线程是进程的组成部分，一个进程可以包括多个线程，一个线程必须有一个父进程，同一个进程的多个线程共享进程拥有的系统资源。

1．进程（process）

每个独立执行的程序称为进程。

2．线程（thread）

线程是程序内部的一条执行路径，Java 虚拟机允许应用程序并发地运行多个执行路径。

3．线程和进程的区别

进程：每个进程都有独立的代码和数据空间（进程上下文），进程间的切换开销大。

线程：同一进程内的线程共享代码和数据空间，线程切换的开销小。

多进程：在操作系统中能同时运行多个任务（程序）。

多线程：在同一应用程序中多条执行路径同时执行。

159

Java 是一种支持多线程编程的语言。多线程技术可以让一个应用程序同时处理多个任务。多线程程序通常包括两个以上线程，它们可以并发执行不同任务，从而充分利用计算机资源。例如，目前常见计算机都使用多核心 CPU。

注意：多任务（或多进程）和多线程具有本质上的区别。多任务是指多个进程共享公共资源，如 CPU 等。而多线程通常是指一个任务（或进程）可以再细化为多个可以并行执行的独立线程。操作系统不但对进程的运行时间进行调度，还可以对同一个进程的不同线程进行调度。

9.2 线程的生命周期

一个线程从创建到消亡要经历多个状态，图 9.1 显示了 Java 线程的 5 种状态以及各个状态的变迁过程。

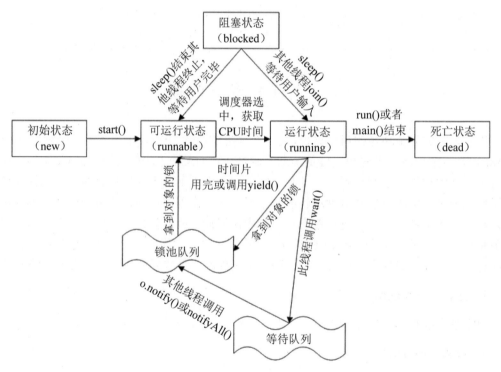

图 9.1　Java 线程的 5 种状态及其变迁

1．线程的状态说明

（1）初始状态（new）：表示新建了线程对象，并存在于内存中。

（2）可运行状态（runnable）：表示线程可以执行，当调用线程对象的 start()方法后线程处于此状态，此状态的线程位于可运行线程池中，等待被调度。

（3）运行状态（running）：表示线程在执行，即被调度器选中，获得 CPU 时间片的使用权。

（4）阻塞状态（blocked）：表示线程由于某种原因失去 CPU 使用权，暂时停止运行。注意：线程必须由阻塞状态返回可运行状态才能再次被调度器选中进入运行态。阻塞情况一般分 3 种。① 等待阻塞：运行态的线程调用线程对象 wait()方法后进入此状态，此时线程被放入等待队列中；② 同步阻塞：运行态的线程尝试获取某个被其他线程占用的同步锁时进入此状态，此时线程被放入锁池队列中；③ 其他阻塞：运行态的线程调用 Thread.sleep()方法或 t.join()方法，或者发出 I/O 请求时，线程也会进入阻塞状态，当 sleep()时间已到，或者 join()等待的线程终止或超时，或者 I/O 处理完毕时，线程重新进入可运行状态。

（5）死亡状态（dead）：表示线程已经结束，在内存中消失。当调用run()或main()方法结束或者因异常退出 run()方法时，线程结束生命周期，进入此状态。

2．线程优先级

每个线程在创建后都有一个优先级。操作系统会根据优先级来确定不同线程在调度时的先后顺序。

Java 线程的优先级有 10 个级别，常量 MIN_PRIORITY 表示 1，常量 MAX_PRIORITY 表示 10。默认情况下，线程的优先级为 NORM_PRIORITY，值为 5。

通常具有高优先级的线程执行更重要的任务，可以分配更大的优先级数值，使其能够优先被调度器选中，获取 CPU 时间。但是，线程的优先级高低并不能完全决定它被调度的先后次序，这和操作系统平台有关。

9.3　线程的创建和启动

通常有两种方式来创建线程：一是实现 Runnable 接口；二是继承 Thread 父类。下面分别介绍。

1．通过实现 Runnable 接口来创建线程

如果想使某个类 A 可以当作线程来执行，那么可以使该类实现 Runnable 接口。步骤如下。

（1）在类 A 中实现一个 run()方法，此方法即为线程的入口，开发人员可以把线程要执行的业务功能逻辑写在其中。

（2）使用类 A 的对象创建一个线程对象，可以使用 Thread 类的构造函数 Thread(Runnable threadObj, String threadName);，第一个参数为类 A 的对象，第二个参数为线程的名词。

（3）调用第（2）步中 Thread 对象的 start()方法来启动线程，该方法会调用第（1）步创建的 run()方法。

下面的例子使用继承 Runnable 接口的方式来创建线程类并使用它创建线程对象和启动线程。

代码 1：通过实现 Runnable 接口创建线程。

```java
Class RunnableDemo implements Runnable {
    private Thread t;
    private String threadName;
    RunnableDemo(String name) {
        threadName = name;
        System.out.println("创建" + threadName );
    }

    public void run() {
        System.out.println("执行" +   threadName );
        try {
            for(int I = 4; I > 0; i--) {
                System.out.println("线程： " + threadName + ", " + i);
                //让线程休眠 50ms.
                Thread.sleep(50);
            }
        }
        catch (InterruptedException e)   {
            System.out.println("线程 " +   threadName + " 中断. ");
        }
        System.out.println("线程 " +   threadName + " exiting. ");
    }

    public void start() {
        System.out.println("启动 " +   threadName );
        if (t == null) {
            t = new Thread(this, threadName);
            t.start ();
        }
    }
}

public class TestThread {
    public static void main(String args[]) {
        RunnableDemo R1 = new RunnableDemo("Thread-1");
        R1.start();
        RunnableDemo R2 = new RunnableDemo("Thread-2");
        R2.start();
    }
}
```

程序执行后的输出内容如图 9.2 所示。

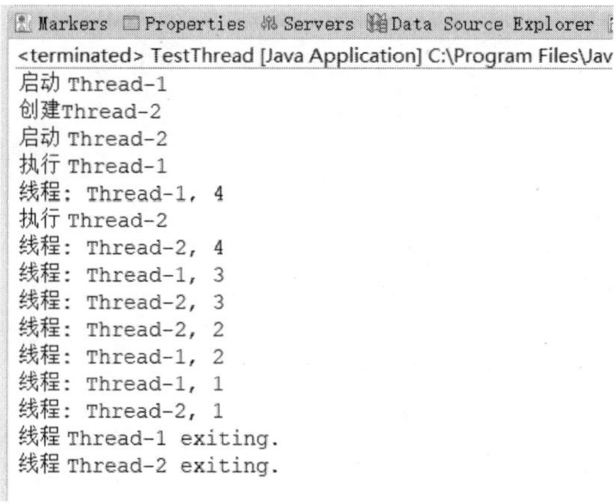

图 9.2　运行实现 Runnable 接口类创建线程

2. 通过继承 Thread 类来创建线程

第二种创建线程的方式是通过继承 JDK 提供的 Thread 类来实现，此方式的方便之处在于可以使用 Thread 类提供的线程方法处理多个线程。具体步骤如下。

第 1 步：新建一个类，继承类 Thread，并覆盖其 run()方法。注意：此方法是新建线程完成用户需求业务逻辑的入口点。语句形式如下。

```
public void run()
```

第 2 步：创建第一步新建类的对象，并调用其 start()方法。语句形式如下。

```
public void start()
```

下面的例子使用继承 Thread 类的方式来创建线程类并使用它创建线程对象和启动线程。

代码 2：通过继承 Thread 类创建线程。

```java
Class ThreadDemo extends Thread {
    private String threadName;

    ThreadDemo(String name) {
        threadName = name;
        System.out.println("创建 " +  threadName );
    }
    public void run( ) {
        System.out.println("执行 " +  threadName );
        try {
            for(int I = 4; I > 0; i--) {
                System.out.println("线程: " + threadName + ", " + i);
                //线程休眠 50ms
                Thread.sleep(50);
            }
        }
        catch (InterruptedException e) {
            System.out.println("线程 " +  threadName + " 中断. ");
```

```
        }
        System.out.println("线程 " +  threadName + " 退出. ");
    }
}

public class TestThread {
    public static void main(String args[]) {
        ThreadDemo T1 = new ThreadDemo("Thread-1");
        T1.start();
        ThreadDemo T2 = new ThreadDemo("Thread-2");
        T2.start();

    }
}
```

程序执行后的输出内容如图 9.3 所示。

```
 Markers  Properties  Servers  Data Source Explorer  Snippets  Console
<terminated> TestThread [Java Application] C:\Program Files\Java\jre1.8.0_131\bin\javaw.e
创建 Thread-1
创建 Thread-2
执行 Thread-1
线程: Thread-1, 4
执行 Thread-2
线程: Thread-2, 4
线程: Thread-1, 3
线程: Thread-2, 3
线程: Thread-1, 2
线程: Thread-2, 2
线程: Thread-1, 1
线程: Thread-2, 1
线程 Thread-1 退出.
线程 Thread-2 退出.
```

图 9.3　运行继承 Thread 类创建线程

3．继承 Thread 与实现 Runnable 接口的比较

（1）因为 Java 不支持多继承，继承 Thread 后类将不能再继承其他类。但是实现 Runnable 接口后仍然可以继承其他基类。

（2）继承 Thread 类后可以使用其提供的多个操作线程的成员方法，如 yield()、interrupt()等，而在 Runnable 接口中不提供这些方法。

表 9.1 列出了 Thread 类的重要成员方法清单。

表 9.1　线程 Thread 类的重要成员方法清单

序　号	方　　法	方 法 功 能
1	public void start()	启动一个独立线程，此方法会直接调用 run()
2	public void run()	线程入口点，包含线程完成的业务逻辑功能
3	public final void setName(String name)	设置线程名次，有对应 getName()方法
4	public final void setPriority(int priority)	设置线程优先级，取值为 1～10
5	public final void setDaemon(boolean on)	设置线程是否为守护线程。守护线程和用户线程对应，并为用户线程服务，当所有用户线程退出后，守护线程自动退出，程序终止

续表

序　号	方　　法	方 法 功 能
6	public final void join(long millisec)	阻塞当前线程。调用此方法后当前线程挂起，等待指定时间或者被调用对象的线程结束后，重新开始执行
7	public void interrupt()	通知线程中断。调用此方法不会使线程马上退出，而是让线程设置中断标志。Java 中线程只能自行停止
8	public final Boolean isAlive()	判断线程是否活动。线程在调用 start()之后，run()退出之前都是活动状态

　　表 9.1 列出的是 Thread 类的实例方法，即通过 Thread 对象调用，作用在对象自身上。表 9.2 列出了 Thread 类的静态成员方法，这些方法通过类名调用，作用在当前执行的线程上。

表9.2　线程 Thread 类的重要静态成员方法

序　号	方　　法	方 法 功 能
1	public static void yield()	挂起当前线程，使相同优先级的等待线程被调度执行
2	public static void sleep(long millisec)	使当前线程被阻塞至少指定毫秒时间
3	public static boolean holdsLock(Object x)	判断当前线程是否拥有指定对象 x 的锁
4	public static Thread currentThread()	返回当前执行线程（调用此方法的线程）对象的引用
5	public static void dumpStack()	打印当前线程的堆栈跟踪内容，用于调试多线程程序

　　注意：最新 JDK 废弃了线程类的 suspend()、resume()和 stop()等方法，原因是它们强行挂起或停止线程，容易出现程序执行混乱。线程的正确设计原则应该是自己负责挂起和停止自己。

9.4　多线程并发控制

　　Java 语言支持用户根据应用程序需求来控制多个线程的交互和协作。下面首先介绍线程同步的概念，然后通过实例代码进行学习。

　　当一个程序中包含多个线程时，会出现多个线程同时存取共享数据资源进而产生不可预料结果的情况。例如，当两个线程同时写入一个文件时，很容易出现一个线程覆盖另一个线程写入的内容，导致文件内容损坏或者不一致的情况。所以，我们需要一种同步机制来保证在任意一个时间点只有一个线程在访问某个共享数据。Java 中使用 Monitor 监视器来保护共享数据，即对数据加锁。Java 中所有对象都有一个 Monitor，线程可以获取或者释放它。并且任意一时间点只能有一个线程拥有一个对象的锁（Monitor）。

　　Java 通过关键字 synchronized 来声明需要同步的内容。注意：这里的内容可以是语句块、成员函数或者一个类。例如，下面代码段表示了访问共享数据块的同步语句。

```
synchronized(object) {
    //访问共享数据资源的代码
}
```

其中，object 表示共享的数据，拥有同步语句块所对应的 monitor。注意：同步 synchronized 的系统开销很大，甚至会造成死锁，应该尽量避免不必要的同步控制。

下面的两个例子分别展示不使用 synchronized 同步语句块和使用它时线程执行顺序的差别。代码的功能是使用两个线程来同时打印一个计数器，要两线程输出不交叉。可以看到，不使用 synchronized 时两个线程的打印输出交叉出现。使用 synchronized 修饰打印语句后两线程输出内容不交叉，即线程 1 打印完成后线程 2 才开始打印。

代码 3：不使用 synchronized 同步语句块的计数器打印。

```java
//TestThreadWithoutSyn.java
class PrintDemo{
    public void printCount() {
        try {
            for(int i = 5; i > 0; i--) {
                System.out.println("Counter    ---    " + i);
            }
        }
        catch (Exception e) {
            System.out.println("Thread    interrupted.");
        }
    }
}

class ThreadDemo extends Thread {
    private Thread t;
    private String threadName;
    PrintDemo PD;
    ThreadDemo(String name, PrintDemo pd) {
        threadName = name;
        PD = pd;
    }
    public void run() {
        PD.printCount();
        System.out.println("Thread " + threadName + " exiting.");
    }
    public void start() {
        System.out.println("Starting " + threadName);
        if (t == null) {
            t = new Thread(this, threadName);
            t.start();
        }
    }
```

```
}
public class TestThreadWithoutSyn {
    public static void main(String args[]) {
        PrintDemo PD = new PrintDemo();
        ThreadDemo T1 = new ThreadDemo("Thread - 1 ", PD);
        ThreadDemo T2 = new ThreadDemo("Thread - 2 ", PD);
        T1.start();
        T2.start();
        try { //同步，等待线程 T1 和 T2 结束
            T1.join();
            T2.join();
        }
        catch (Exception e) {
            System.out.println("Interrupted");
        }
    }
}
```

可以看到，输出时两个计数器是交叉乱序的，并且每次运行程序可能会得到完全不同的输出结果。

代码 4：使用 synchronized 同步语句块的计数器打印。

```
//TestThreadWithSyn.java
class PrintDemo{
    public void printCount() {
        try {
            for(int i = 5; i > 0; i--) {
                System.out.println("Counter    ---    " + i);
            }
        }
        catch (Exception e) {
            System.out.println("Thread    interrupted.");
        }
    }
}

class ThreadDemo extends Thread {
    private Thread t;
    private String threadName;
    PrintDemo PD;
    ThreadDemo(String name, PrintDemo pd) {
        threadName = name;
        PD = pd;
    }
    public void run() {
        synchronized(PD) {
            PD.printCount();
            System.out.println("Thread " +   threadName + " exiting.");
```

```
        }
    }
    public void start() {
        System.out.println("Starting " + threadName);
        if (t == null) {
            t = new Thread(this, threadName);
            t.start();
        }
    }
}

public class TestThreadWithSyn {
    public static void main(String args[]) {
        PrintDemo PD = new PrintDemo();
        ThreadDemo T1 = new ThreadDemo("Thread - 1 ", PD);
        ThreadDemo T2 = new ThreadDemo("Thread - 2 ", PD);
        T1.start();
        T2.start();
        try {               //同步，等待线程 T1 和 T2 结束
            T1.join();
            T2.join();
        }
        catch (Exception e) {
            System.out.println("Interrupted");
        }
    }
}
```

📣 **注意：** 代码 3 中 ThreadDemo 类 run()方法使用了同步语句块，所以在线程 1 完整打印
计数器后线程 2 才会开始打印计数器。多次执行程序会取得相同输出结果。

表 9.3 所示为与线程控制有关的方法。

表 9.3　与线程控制有关的方法

方　法　名　称	说　　　明
start()	新建的线程进入 Runnable 状态
run()	线程进入 Running 状态
wait()	线程进入等待状态，等待被唤醒（notify）。这是一个对象方法，而不是线程方法
notify()、notifyAll()	唤醒其他线程。这是一个对象方法，而不是线程方法
yield()	线程放弃执行，使其他优先级不低于此线程的线程有机会运行，它是一个静态方法
getPriority()、setPriority()	获得/设置线程优先级 1～10，默认值为 5
suspend()	挂起该线程，Deprecated，不推荐使用
resume()	唤醒该线程，与 suspend 相对，Deprecated，不推荐使用
sleep()	线程睡眠指定的一段时间
join()	调用这个方法的主线程，会等待加入的子线程完成

9.5　wait()与 notify()和 notifyAll()方法

wait()与 notify()和 notifyAll()都是 Object 类的成员方法。wait()方法使线程释放对象的锁，然后停止等待其他需要此对象锁的线程执行；notify()方法会唤醒一个等待该对象锁的线程，然后继续执行，直到退出对象锁的范围即 synchronized 代码块后再释放锁。在执行它们之前，都需要先使用 synchronized 关键字获取锁。换句话说，通常 wait()与 notify()和 notifyAll()放在 synchronized 修饰的语句块或者方法中。例如，代码 5 模拟了生产者和消费者问题，有一个线程向 List 中添加数据，有两个线程从 List 中删除数据。

代码 5：使用 wait()和 notify()/notifyAll()模拟生产消费者问题。

```java
// ThreadWaitNotify.java
import java.util.ArrayList;
import java.util.List;

class Add {
    private String lock;
    public Add(String lock) {
        super();
        this.lock = lock;
    }

    public void add() {
        for (int i : new int[]{1, 2, 3, 4, 5} ) {
            synchronized(lock) {
                ValueObject.list.add(""+i);
                lock.notifyAll();    //通知等待 lock 的线程可以从队列中删除数据了
            }
            try {
                Thread.sleep(10);
            }
            catch (Exception e) {
                e.printStackTrace();
            }
        }
    }
}
//添加数据线程
class ThreadAdd extends Thread {
    private Add p;
    public ThreadAdd(Add p) {
        super();
        this.p = p;
    }
```

```
        @Override
    public void run() {
            p.add();
    }
}

class Subtract {
    private String lock;
    public Subtract(String lock) {
            super();
            this.lock = lock;
    }

    public void subtract() {
        try {
            while (true) {
                synchronized(lock) {
                while(ValueObject.list.size() == 0) {
                    System.out.println("wait begin ThreadName="
                                + Thread.currentThread().getName());
                    lock.wait();
                    System.out.println("wait    end ThreadName="
                                + Thread.currentThread().getName());
                }
                if (ValueObject.list.size() > 0) {
                    System.out.println("In thread: " + Thread.currentThread().getName());
                    System.out.println("Remove: " + ValueObject.list.remove(0));
                    System.out.println("list size=" + ValueObject.list.size());
                }
            }}
        }
        catch (InterruptedException e) {
                e.printStackTrace();
        }
    }
}
//删除数据线程
class ThreadSubtract extends Thread {
    private Subtract r;
    public ThreadSubtract(Subtract r) {
            super();
            this.r = r;
    }

    @Override
    public void run() {
            r.subtract();
    }
}
```

```
//封装的队列
class ValueObject {
    public static List<String> list = new ArrayList<String>();
}

public class ThreadWaitNotify {
    public static void main(String[] args) throws InterruptedException {
        String lock = new String("");    //共享锁 Monitor
        Add add = new Add(lock);
        Subtract subtract = new Subtract(lock);
        //创建和启动删除数据线程（消费者 1）
        ThreadSubtract subtract1Thread = new ThreadSubtract(subtract);
        subtract1Thread.setName("subtract1Thread");
        subtract1Thread.start();
        //创建和启动删除数据线程（消费者 2）
        ThreadSubtract subtract2Thread = new ThreadSubtract(subtract);
        subtract2Thread.setName("subtract2Thread");
        subtract2Thread.start();
        //创建和启动添加数据线程（生产者）
        Thread.sleep(1000);

        ThreadAdd addThread = new ThreadAdd(add);
        addThread.setName("addThread");
        addThread.start();
    }
}
```

　　线程死锁表示两个或者更多线程之间互相等待对方释放共享资源而都被阻塞的状态。当多个线程都需要访问共享数据时，如果它们获取资源的顺序不同，则会发生死锁。因为 synchronized 修饰的代码块会阻塞当前线程以等待共享资源的锁或 Monitor，所以程序可能会出现死锁现象。

　　代码 6：错误加锁顺序导致线程死锁。

```
//TestThreadDeadLock1.java
public class TestThreadDeakLock1 {
    public static Object Lock1 = new Object();
    public static Object Lock2 = new Object();
    public static void main(String args[]) {
        ThreadDemo1 T1 = new ThreadDemo1();
        ThreadDemo2 T2 = new ThreadDemo2();
        T1.start();
        T2.start();
    }
    private static class ThreadDemo1 extends Thread {
        public void run() {
            synchronized (Lock1) {
                System.out.println("Thread 1: Holding lock 1...");
                try {
```

```
                Thread.sleep(10);
            }
            catch (InterruptedException e) { System.out.println("Interrupted"); }
            System.out.println("Thread 1: Waiting for lock 2...");
            synchronized (Lock2) {
                System.out.println("Thread 1: Holding lock 1 & 2...");
            }
        }
    }
}

private static class ThreadDemo2 extends Thread {
    public void run() {
        synchronized (Lock2) {
            System.out.println("Thread 2: Holding lock 2...");
            try {
                Thread.sleep(10);
            }
            catch (InterruptedException e) { System.out.println("Interrupted"); }
            System.out.println("Thread 2: Waiting for lock 1...");
            synchronized (Lock1) {
                System.out.println("Thread 2: Holding lock 1 & 2...");
            }
        }
    }
}
}
```

代码 6 的输出如图 9.4 所示。

```
Thread 1: Holding lock 1...
Thread 2: Holding lock 2...
Thread 1: Waiting for lock 2...
Thread 2: Waiting for lock 1...
```

图 9.4　死锁效果

从输出可以看到,线程 1 和线程 2 都需要获取两个共享数据 Lock1 和 Lock2 的监视器,但是它们获取 Lock1 和 Lock2 的顺序刚好相反,从而导致了死锁。即线程 1 先获取了 Lock1,但是无法再获取 Lock2,所以一直等待;线程 2 先获取了 Lock2,但是获取再获取 Lock1,也会一直等待。这种情形下程序无法继续执行。如果执行上述代码后需要用户强制中断程序。

代码 7:正确加锁顺序解决线程死锁问题。

```
// TestThreadDeadLock2.java
public class TestThreadDeadLock2 {
    public static Object Lock1 = new Object();
    public static Object Lock2 = new Object();
    public static void main(String args[]) {
        ThreadDemo1 T1 = new ThreadDemo1();
        ThreadDemo2 T2 = new ThreadDemo2();
```

```
            T1.start();
            T2.start();
        }
        private static class ThreadDemo1 extends Thread {
            public void run() {
                synchronized (Lock1) {
                    System.out.println("Thread 1: Holding lock 1...");
                    try {
                        Thread.sleep(10);
                    }
                    catch (InterruptedException e) { System.out.println("Interrupted"); }
                    System.out.println("Thread 1: Waiting for lock 2...");
                    synchronized (Lock2) {
                        System.out.println("Thread 1: Holding lock 1 & 2...");
                    }
                }
            }
        }

        private static class ThreadDemo2 extends Thread {
            public void run() {
                synchronized (Lock1) {
                    System.out.println("Thread 2: Holding lock 2...");
                    try {
                        Thread.sleep(10);
                    }
                    catch (InterruptedException e) { System.out.println("Interrupted..."); }
                    System.out.println("Thread 2: Waiting for lock 1...");
                    synchronized (Lock2) {
                        System.out.println("Thread 2: Holding lock 1 & 2...");
                    }
                }
            }
        }
    }
}
```

代码 7 的输出内容如图 9.5 所示，可以看到程序正常执行完毕，线程 1 和线程 2 先后获取和释放共享数据。

```
Thread 1: Holding lock 1...
Thread 1: Waiting for lock 2...
Thread 1: Holding lock 1 & 2...
Thread 2: Holding lock 2...
Thread 2: Waiting for lock 1…
Thread 2: Holding lock 1 & 2…
```

图 9.5　释放共享数据

注意：以上代码示例只是为了介绍死锁的基本概念，现实应用程序中的场景要比这里复杂许多，在编写相关死锁程序前必须深入了解和掌握死锁的处理方法。

synchronized 实现同步控制是一个相对重量级的操作，会影响系统性能，所以如果有其他解决方案，我们通常要避免使用 synchronized。volatile 关键字就是 Java 提供的另一种解决可见性和有序性问题的方案，其本质是告诉 JVM 当前变量在寄存器（工作内容）中的值是不确定的，需要从主存中读取。对 volatile 变量的单次读写操作可以保证原子性。volatile 关键字的主要应用场景包括状态标记变量（代码 8）和双重监测。涉及的概念比较多，不做深入叙述，有兴趣的读者可以查找参考书进行深入研究。

代码 8：使用 volatile 标记状态量。

```java
//此代码段在多个线程中执行，某个线程对变量 flag 的更新将会对其他线程马上可见
volatile boolean flag = false;
while(!flag) {
    doSomething();
}
public void setFlag() {
    flag = true;
}
```

9.6 本 章 练 习

1. 给出下面代码的输出结果。（   ）

```java
//ThreadDemo.java
class MyThread extends Thread
{
    MyThread() {}
    MyThread(Runnable r) {super(r); }
    public void run()
    {
        System.out.print("Inside Thread ");
    }
}
class RunnableDemo implements Runnable
{
    public void run()
    {
        System.out.print(" Inside Runnable");
    }
}
public class ThreadDemo
{
    public static void main(String[] args)
    {
        new MyThread().start();
        new MyThread(new RunnableDemo()).start();
    }
}
```

    A．Inside Thread Inside Runnable   B．Inside Thread Inside Thread

    C．编译错误   D．运行时抛出异常

2．实现接口 java.lang.Runnable 的类必须实现下面哪个方法？（　　　）

    A．public void run()   B．public void start()

    C．void run()   D．以上均不是

3．下面哪个方法不会直接使线程停止运行？（　　　）

    A．在该线程中对某个对象调用 notify()

    B．调用成员函数 setPriority()

    C．在该线程中对某个对象调用 wait()

    D．调用成员函数 sleep()

4．下面程序的输出结果是什么？（　　　）

```
//MultiThreadTest1.java
class MultiThreadTest extends Thread {
    public void run() {
        for(int i = 0; i < 3; i++)  {
            System.out.println("A");
            System.out.println("B");
        }
    }
}
class MultiThreadTest1 extends Thread   {
    public void run()   {
        for(int i = 0; i < 3; i++)   {
            System.out.println("C");
            System.out.println("D");
        }
    }
    public static void main(String args[]) {
        MultiThreadTest t1 = new MultiThreadTest();
        MultiThreadTest1 t2 = new MultiThreadTest1();
        t1.start();
        t2.start();
    }
}
```

    A．输出顺序为 CD　AB　CD…

    B．输出 A B C D，但无法预测顺序

    C．输出顺序为 AB　CD　AB…

    D．输出顺序为 A 或 C

5．下面程序的输出结果是什么？（　　　）

```
// MultiThreadTest1.java
class MultiThreadTest1 implements Runnable
{
```

```
int x = 0, y = 0;
int addX() {x++; return x;}
int addY() {y++; return y;}

public void run() {
    for(int i = 0; i < 10; i++)
        System.out.println(Thread.currentThread().getName()+ ": " +addX()+ " " + addY());
}

public static void main(String args[])
{
 MultiThreadTest1 obj1 = new MultiThreadTest1();
 MultiThreadTest1 obj2 = new MultiThreadTest1();
    Thread t1 = new Thread(obj1);
    Thread t2 = new Thread(obj1);
    t1.start();
    t2.start();
}
}
```

A. 编译错误

B. 从小到达的顺序：1 1 2 2 3 3 4 4 5 5 …

C. 1 2 3 4 5 6 … 1 2 3 4 5 6 …

D. 每个线程都打印 10 次，从小到大 1 1 2 2 3 3 … 10 10，但是两个线程之间顺序不定

6. 以下哪些是 Object 类的成员函数？（　　）

a. notify()

b. notifyAll()

c. sleep(long msecs)

d. wait(long msecs)

e. yield()

A. a、b   B. a、b、c

C. a、b、d   D. a、b、c、e

7. 下面代码的输出结果是什么？（　　）

```
class MultiThreadTest1 implements Runnable
{
    String x, y;
    public void run()
    {
        for(int i = 0; i < 10; i++)
            synchronized(this)
            {
                x = "Hello";
                y = "Java";
```

```
            System.out.println(Thread.currentThread().getName() + ":" + x + " " + y + " ");
        }
    }
    public static void main(String args[])
    {
     MultiThreadTest1 run = new MultiThreadTest1();
        Thread obj1 = new Thread(run);
        Thread obj2 = new Thread(run);
        obj1.start();
        obj2.start();
    }
}
```

    A．两个线程各连续打印 10 次"Hello Java"

    B．产生死锁

    C．编译错误

    D．随机为两个线程各打印 10 次"Hello World"

8．如何确保 main()方法作为最后退出的线程？

9．线程之间共享资源时如何通信？

10．为什么 Thread 类的 sleep()和 yield()方法是静态的？

上机任务

编写多线程程序统计文本中每个单词出现的频率。

第 10 章　Java 网络编程

 **本章简介**

　　计算机网络可以通过传输介质、通信设施和网络通信协议，把分散在不同地点的计算机设备互连起来，从而实现资源共享和数据传输。网络编程就是编写程序使互联网的两个（或多个）设备（如计算机）之间进行数据传输。

　　Java 语言为网络编程提供了良好的支持。通过其提供的接口，我们可以很方便地进行网络编程。java.net 包提供了网络编程 API，本章将重点讲述 Socket 套接字编程。

学习任务工单

专业名称		所在班级		级　　　　班	
课程名称	Java 网络编程				
工学项目	一对一和一对多网络编程				
所属任务	Java Socket 网络编程				
知识点	了解 Java 网络编程的常用类和 API				
技能点	掌握 Java Socket 网络编程和 UDP、URL 网络编程				
操作标准					
评价标准	S	A	B	C	D
自我评价	级				
温习计划					
作业目标					

教学标准化清单

专业名称		所在班级	级　　班
课程名称	Java 网络编程	工学项目	一对一和一对多网络编程
教学单元		练习单元	
教学内容	教学时长	练习内容	练习时长
Java 网络编程的常用类和 API	30 分钟	利用思维导图工具将本节所学的术语及编码方式进行整理	30 分钟
Java Socket 网络编程	60 分钟	利用思维导图工具将本节所学的术语及编码方式进行整理	60 分钟
UDP 网络编程和 URL 网络编程	60 分钟	利用思维导图工具将本节所学的术语及编码方式进行整理	30 分钟

10.1　网络编程的基本概念

1．IP 地址

IP 地址是计算机网络中每个节点的唯一标识，如 192.168.0.1。它由 4 个 0～255 的数字组成。注意：最新的 IPv6 地址由 8 个 16 位二进制数字组成。

2．网络协议

网络协议是网络中通信双方共同遵守的一套规则，网络中的每个层次都包含众多协议。比较常用的协议包括 TCP、FTP、Telnet、SMTP、POP 等。

3．端口号

端口号用来区分不同应用程序。通常，一台网络主机上将一个端口号分配给一个应用程序使用，不同主机上的应用程序要知道对方的 IP 地址和端口号才能进行通信。

4．MAC 地址

MAC 地址是用来标识网络接口设备（网卡）的一个唯一数字标识，它工作在 IP 地址的更下层。通常一个网卡只能有一个 MAC 地址，但是一台网络主机可以拥有多个网卡，如图 10.1 所示。

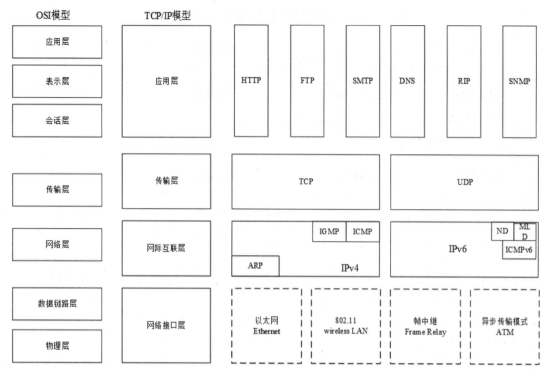

图 10.1　计算机网络中 OSI 模型与 TCP/IP 协议栈

5．网络协议

如同人与人之间相互交流需要遵循一定的规则（如语言）一样，计算机之间能够进行相互通信是因为它们共同遵守一定的规则，即网络协议。图 10.1 显示了计算机网络中 OSI 七层模型与 TCP/IP 协议栈的对照关系。通常，OSI（open system interconnection）作为计算机网络互联的理论标准框架，而实践中应用广泛的 TCP/IP 模型并没有严格地划分每个层次，而是将部分层结合。例如，TCP/IP 把 OSI 的数据链路和物理层结合形成网络接口层，包含了不同类型的网络接入方式，而最上面的应用层则实现了 OSI 的应用层、表示层和会话层的功能。图 10.1 中同时列出了每个网络层包括的重要协议。

6．Socket 套接字

套接字是指网络中双方通信的桥梁，本章将重点讲述 Java 套接字通信编程。

7．传输控制协议（transmission control protocol，TCP）

传输控制协议指支持两个应用程序之间的可靠通信协议。网络下层通常是 IP 协议，所以协议统称为 TCP/IP。用户数据报文协议（user datagram protocol，UDP）是一种无连接的（不可靠的）网络协议，能够使数据包在两个应用程序之间传输。

8．Java 套接字编程

Java 套接字用于在不同 JRE 上执行的应用程序之间进行通信。套接字编程分为面向连接和无连接两种类型。具体来说，Java 类 Socket 和 ServerSocket 用于面向连接的套接字编程，Java 类 DatagramSocket 和 DatagramPacket 用于无连接的套接字编程。就像邮递员必须知道街道和门牌号才能派件一样，网络应用程序必须知道另一个应用程序所在的终端 IP 地址和端口号才能和对方进行通信。多数服务器/客户端类型的应用程序都适用套接字编程进行通信，首先由客户端创建一个套接字，然后使用该套接字和服务器端进行通信。对于面向连接的通信，客户端和服务器要先使用套接字建立连接，当连接建立后，套接字的作用就像一条管道，通信双方可以使用这个管道向对方发送或者从对方接收数据。图 10.2 展示了 Java 套接字通信过程，可以看到客户端使用 Socket 类对象连接服务端的 ServerSocket 类对象，同时客户端的输出流与服务端的输入流连接，服务端的输出流与客户端的输入流连接。

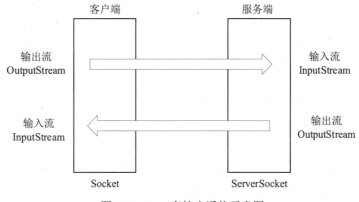

图 10.2　Java 套接字通信示意图

10.2　Java 网络编程的常用类和 API

　　网络编程的相关 API 都封装在 java.net 包中，包括前文所述的面向连接与无连接通信。类 java.net.Socket 表示一个套接字，通信的一方（一般是服务器）可以使该类来创建监听线程以接受另一方（一般是客户端）的连接请求，即在两个应用程序之间建立一个 TCP 连接。

　　具体编程步骤如下。

　　（1）服务器端初始化一个 ServerSocket 对象，同时指定一个通信端口。

　　（2）服务器调用上一步 ServerSocket 对象的成员方法 accept()来接收客户端的连接请求。注意：通常在一个独立线程中运行此方法，以连续接受多个连接请求。

　　（3）客户端创建一个 Socket 对象，同时指定想要连接的服务端 IP 地址和端口号。

　　（4）上一步客户端对象使用 Socket 类构造函数和分配的端口号尝试连接服务器。如果连接建立成功，客户端即拥有了一个可以和服务器进行通信的套接字对象。

　　（5）服务器端的 accept()方法返回一个指向新套接字连接的引用。

　　连接建立之后，双方的通信即使用 I/O 流技术。每个 Socket 对象都同时拥有一个输出流 OutputStream 和输入流 InputStream，客户端的 OutputStream 和服务器端的 InputStream 连接，客户端的 InputStream 和服务器端的 OutputStream 连接。

📢 **注意：** TCP 是一个双通道通信协议，即连接双方都能够同时进行发送和接收数据。

下面介绍在套接字编程中使用的常见 Java 类及其成员函数。

（1）ServerSocket 类。此类可以帮助服务端应用程序获取一个端口并监听来自客户端的连接请求。表 10.1 列出了此类包含的 4 个构造函数。

表 10.1　类 ServerSocket 的构造函数.

序　　号	函数语句形式	说　　明
1	public ServerSocket(int port) throws IOException	创建监听指定端口的服务器 Socket，如果端口已被占用，则抛出 IOException，可以传递参数 port=0 来让系统自动分配可用端口
2	public ServerSocket(int port, int backlog) throws IOException	和第一个功能类似，不同之处在于 backlog 参数给出在服务器等待连接队列中保存多少个等待对象
3	public ServerSocket(int port, int backlog, InetAddress address) throws IOException	和第 2 个功能类似，不同之处在于 address 指定该连接绑定的 IP 地址，注意同一个服务器上可能同时存在多个网卡，即多个 IP 地址
4	public ServerSocket() throws IOException	此构造函数只创建一个 ServerSocket 对象而不绑定端口和 IP 地址，当需要使用它建立连接时需要先调用 bind()函数

当调用构造函数后，如果没有抛出异常，则说明服务器端已经成功创建套接字连接服务，客户端可以进行连接。表 10.2 给出了类 ServerSocket 提供的常用成员函数。

表 10.2　类 ServerSocket 的常用成员函数.

序　　号	函数语句形式	说　　明
1	public intgetLocalPort()	返回服务器套接字正在监听的端口号
2	public Socket accept() throws IOException	等待客户端进入的连接。注意：此方法为同步方法，即调用后会阻塞一直等待客户端的连接请求，直到建立一个连接才返回连接对象，如果没有连接，则会一直处于等待状态。如果通过成员函数 setSoTimeout()设置了超时，那么套接字超时时 accept()函数也会返回
3	public void setSoTimeout(int timeout)	设置套接字等待客户端连接的超时时间，即 accept()函数的等待连接时间
4	public void bind(SocketAddress host, int backlog)	绑定套接字的 IP 地址和端口号，此方法用于在表 10.1 中第 4 个无参数构造函数构造套接字对象时使用

📢 **注意：** ServerSocket 对象调用 accept()后会一直等待客户端的连接，直到成功建立连接才返回。当客户端成功连接后，会在一个新端口上新建一个套接字，并返回该套接字的引用。服务器端使用此引用来收发数据和控制连接。

（2）Socket 类。java.net.Socket 表示客户端和服务器进行相互通信的套接字，客户端通过调用构造函数创建一个 Socket 对象，服务器端通过 accept()方法返回值获取一个 Socket 对象。

Socket 类提供了 5 个构造函数，客户端可用它们来创建从客户端到服务器的套接字连接。表 10.3 列出了 Socket 类的 5 个构造函数。

表 10.3 类 Socket 的构造函数.

序　号	函数语句形式	说　明
1	public Socket(String host, int port) throws UnknownHostException, IOException	建立从客户端到指定服务器和端口的套接字连接，如果连接失败，则会抛出未知主机或者 I/O 异常
2	public Socket(InetAddress host, int port) throws IOException	建立从客户端到指定 host 和端口的连接，如果连接失败，则抛出 IOException
3	public Socket(String host, int port, InetAddresslocalAddress, intlocalPort) throws IOException	建立指定本地地址 localAddress 和端口 localPort 的套接字，然后连接到远程主机 host 的指定端口 port
4	public Socket(InetAddress host, int port, InetAddresslocalAddress, intlocalPort) throws IOException	和上一个构造函数作用相同，差别在于使用 InetAddress 而不是 String 来表示远程主机地址
5	public Socket()	创建一个套接字但不建立连接，需要显式调用 connect()函数来连接此套接字到服务器

注意：Socket 套接字的构造函数除了创建 Socket 对象外，还会尝试连接指定地址和端口号的服务器。

表 10.4 列出了 Socket 类常用的成员函数。客户端和服务器端都有 Socket 对象，所以这些函数在服务器端和客户端都可能被调用。

表 10.4 类 Socket 的常用成员函数.

序　号	函数语句形式	说　明
1	public void connect(SocketAddress host, int timeout) throws IOException	连接当前 Socket 对象和指定地址 host 的远程主机，此方法只有使用无参数构造函数创建的 Socket 对象时才使用
2	public InetAddressgetInetAddress()	获取此 Socket 对象连接的远程主机地址
3	public intgetPort()	获取此 Socket 对象连接的远程主机的端口号
4	public intgetLocalPort()	获取本地端口号
5	public SocketAddressgetRemoteSocketAddress()	获取远程 Socket 地址
6	public InputStreamgetInputStream() throws IOException	获取此 Socket 对象的输入流对象,此输入流对象和远程 Socket 的输出流对象连接
7	public OutputStreamgetOutputStream() throws IOException	获取此 Socket 对象的输出流对象,此输出流对象和远程 Socket 的输入流对象连接
8	public synchronized void close() throws IOException	关闭当前 Socket 连接,此后再使用它收发数据,且不能再使用该对象连接其他 JRE 上的任意应用程序

10.3 Java Socket 网络编程

Socket 编程主要涉及客户端和服务端两个方面，首先是在服务器端创建一个服务器套接字（ServerSocket），并把它附加到一个端口上，服务器从这个端口监听连接。端口号的范围是 0～65536，但是 0～1024 是为特权服务保留的端口号，我们可以选择任意一个当前没有被其他进程使用的端口。

客户端请求与服务器进行连接时，根据服务器的域名或者 IP 地址，加上端口号，打开一个套字字。当服务器接受连接后，服务器和客户端之间的通信就像输入/输出流一样进行操作。TCP 通信原理如图 10.3 所示。Socket 通信模型如图 10.4 所示。

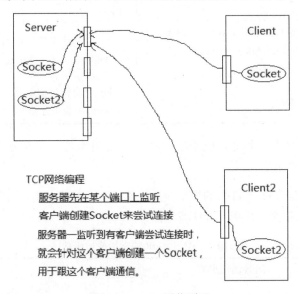

图 10.3 TCP 通信原理

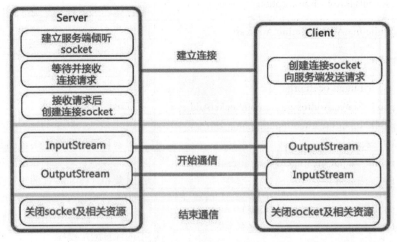

图 10.4 Socket 通信模型

网络编程的开发步骤如下。

（1）创建 socket。

（2）打开连接到 socket 的输入/输出流。

（3）按照一定的协议对 socket 进行读/写操作。

（4）关闭 socket。

案例 10-1：一对一网络编程。

下面是一个客户端和服务器端进行数据交互的简单例子。客户端输入正方形的边长，服务器端接收到后计算面积并返回给客户端。通过这个例子可以初步对 Socket 编程有个把握。

代码 1：服务器端类 SocketServer 的实现。

```java
//服务器端
public class SocketServer {
    public static void main(String[] args) throws IOException {

        //端口号
        int port = 7000;
        //在端口上创建一个服务器套接字
        ServerSocket serverSocket = new ServerSocket(port);
        //监听来自客户端的连接
        Socket socket = serverSocket.accept();

        DataInputStream dis = new DataInputStream(
                new BufferedInputStream(socket.getInputStream()));

        DataOutputStream dos = new DataOutputStream(
                new BufferedOutputStream(socket.getOutputStream()));

        do {
            double length = dis.readDouble();
            System.out.println("服务器端收到的边长数据为："+length);
            double result = length * length;
            dos.writeDouble(result);
            dos.flush();
        } while (dis.readInt() != 0);

        socket.close();
        serverSocket.close();
    }
}
```

代码 2：客户端类 SocketClient 的实现。

```java
//客户端
public class SocketClient {
    public static void main(String[] args) throws UnknownHostException, IOException {
```

```
int port = 7000;
String host = "localhost";

//创建一个套接字并将其连接到指定端口号
Socket socket = new Socket(host, port);

DataInputStream dis = new DataInputStream(
        new BufferedInputStream(socket.getInputStream()));

DataOutputStream dos = new DataOutputStream(
        new BufferedOutputStream(socket.getOutputStream()));

Scanner sc = new Scanner(System.in);

boolean flag = false;

while (!flag) {

    System.out.println("请输入正方形的边长:");
    double length = sc.nextDouble();

    dos.writeDouble(length);
    dos.flush();

    double area = dis.readDouble();

    System.out.println("服务器返回的计算面积为: " + area);

    while (true) {

        System.out.println("继续计算? (Y/N)");

        String str = sc.next();

        if (str.equalsIgnoreCase("N")) {
            dos.writeInt(0);
            dos.flush();
            flag = true;
            break;
        } else if (str.equalsIgnoreCase("Y")) {
            dos.writeInt(1);
            dos.flush();
            break;
        }
    }
}
socket.close();
}
}
```

案例 10-2：一对多网络编程。

　　案例 10-1 中的服务器端程序和客户端程序是一对一的关系，为了让一个服务器端程序能同时为多个客户提供服务，可以使用多线程机制，每个客户端的请求都由一个独立的线程进行处理。下面是改写后的服务器端程序。

　　代码 3：改写案例 10-1 中代码 1 服务器端类 SocketServer 后的服务器端程序 SocketServerM。

```java
public class SocketServerM {
    public static void main(String[] args) throws IOException {

        int port = 7000;
        int clientNo = 1;

        ServerSocket serverSocket = new ServerSocket(port);

        //创建线程池
        ExecutorService exec = Executors.newCachedThreadPool();

        try {

            while (true) {
                Socket socket = serverSocket.accept();
                exec.execute(new SingleServer(socket, clientNo));
                clientNo++;
            }

        } finally {
            serverSocket.close();
        }

    }
}

class SingleServer implements Runnable {

    private Socket socket;
    private int clientNo;

    public SingleServer(Socket socket, int clientNo) {
        this.socket = socket;
        this.clientNo = clientNo;
    }

    @Override
    public void run() {

        try {
```

```
DataInputStream dis = new DataInputStream(
        new BufferedInputStream(socket.getInputStream()));

DataOutputStream dos = new DataOutputStream(
        new BufferedOutputStream(socket.getOutputStream()));

do {

    double length = dis.readDouble();
    System.out.println("从客户端" + clientNo + "接收到的边长数据为：" + length);
    double result = length * length;
    dos.writeDouble(result);
    dos.flush();

} while (dis.readInt() != 0);

} catch (IOException e) {
    e.printStackTrace();
} finally {
    System.out.println("与客户端" + clientNo + "通信结束");
    try {
        socket.close();
    } catch (IOException e) {
        e.printStackTrace();
    }
}
}
}
```

改进后的服务器端代码可以支持不断地并发响应网络中的客户请求。关键点在于多线程机制的运用，同时利用线程池可以改善服务器程序的性能。

10.4 UDP 网络编程

UDP 是面向无连接的数据传输，提供面向事务的简单不可靠信息传输服务，特点是数据可能丢失、应用简单、资源开销小、不可靠，但效率较高，比较适合传输音频、视频等，UDP 一次发送的数据不能超过 64KB。它需要 datagramSocket 来进行中间的运输。

UDP 协议是一种不可靠的网络协议，它在通信的两端各建立一个 Socket 对象，但是这两个 Socket 只是发送、接收数据的对象，因此，对于基于 UDP 协议的通信双方而言，没有所谓的客户端和服务器的概念。

Java 提供了 DatagramSocket 类作为基于 UDP 协议的 Socket，构造方法如表 10.5 所示，常用相关方法如表 10.6 所示。

表 10.5　构造方法

方　　法	说　　明
DatagramSocket()	创建数据报套接字并将其绑定到本机地址上的任何可用端口
DatagramPacket(byte[]buf,int len, InetAddress add, int port)	创建数据包，发送长度为 len 的数据包到指定主机的指定端口，buf 指包数据，length 指包长度，address 指目的地址，port 指目的端口号

表 10.6　常用相关方法

方　　法	说　　明
void send(DatagramPacket p)	发送数据报包
void close()	关闭数据报套接字
void receive(DatagramPacket p)	从此套接字接受数据报包

UDP 协议接收数据的步骤如下。

（1）创建发送端 Socket 对象（需要指定端口）。

（2）创建一个数据包（接收容器）。

（3）调用 Socket 对象的接收方法接收数据。

（4）解析数据并显示在控制台。

（5）释放资源。

案例 10-3：数据来自于键盘录入，当用户输入"886"终止。

代码 4：接收端类 ReceiveDemo。

```java
import java.io.IOException;
import java.net.DatagramPacket;
import java.net.DatagramSocket;
public class ReceiveDemo {
    public static void main(String[] args) throws IOException {
        //创建接收端的 Socket 对象
        DatagramSocket ds = new DatagramSocket(12345);

        while (true) {
            //创建一个数据包
            byte[] bys = new byte[1024];
            DatagramPacket dp = new DatagramPacket(bys, bys.length);

            //接收数据
            ds.receive(dp);

            //解析数据
            String ip = dp.getAddress().getHostAddress();
            String s = new String(dp.getData(), 0, dp.getLength());
            System.out.println("form " + ip + ":" + s);
        }
        //接收端应该一直开着接收数据，不需要关闭
        //释放资源
        //ds.close();
```

```
        }
}
```

代码 5：发送端类 SendDemo。

```
import java.io.BufferedReader;
import java.io.IOException;
import java.io.InputStreamReader;
import java.net.DatagramPacket;
import java.net.DatagramSocket;
import java.net.InetAddress;

public class SendDemo {
    public static void main(String[] args) throws IOException {
        //创建一个 Socket 对象
        DatagramSocket ds = new DatagramSocket();
        //创建数据并打包
        BufferedReader br = new BufferedReader(new InputStreamReader(System.in));
        String line = null;
        while ((line = br.readLine()) != null) {
            if ("886".equals(line)) {
                break;
            }
            byte[] bys = line.getBytes();
            DatagramPacket dp = new DatagramPacket(bys, bys.length, InetAddress.
getByName("192.168.80.1"), 12345);
            //发送数据
            ds.send(dp);
        }

        //释放资源
        ds.close();
    }
}
```

10.5　URL 网络编程

　　URL 类表示一个网络上的资源地址，英文表述为 uniform resource locator。每个 URL 地址都是唯一的，表示网络上唯一一个资源的位置。一个 URL 地址通常包括如下 4 部分信息：一是协议；二是服务器域名或 IP 地址；三是端口号，默认端口号为 80，可省略不写；四是目录或文件名称。例如，对于 URL 地址 http://www.xmr100.com/about/index.html，协议是 http，域名地址是 www.xmr100.com，端口号默认是 80，目录和文件名是 about/index. html。表示服务器 www.xmr100.com 上面目录 about 下的文件 index.html。

　　表 10.7 列出了 URL 类常用的成员方法。一个最常用的功能是获取域名地址对应的 IP 地址。

表 10.7　URL 类常用的成员方法。

序　号	函 数 原 型	使 用 说 明
1	public String getProtocol()	返回 URL 中的协议名称
2	public String getHost()	返回 URL 对应的主机域名
3	public String getPort()	返回 URL 中表示的端口号
4	public String getFile()	返回 URL 中的文件名部分
5	public URLConnectionopenConnection()	返回 URL 对应的连接

案例 10-4：URL 编程。

代码 6：展示了 URL 类的使用方法。

```java
// URLDemo.java
import java.io.*;
import java.net.*;
public class URLDemo{
public static void main(String[] args){
try{
URL url=new URL("http:// http://www.xmr100.com/shuangshi/index.htm");

System.out.println("Protocol: "+url.getProtocol());
System.out.println("Host Name: "+url.getHost());
System.out.println("Port Number: "+url.getPort());
System.out.println("File Name: "+url.getFile());

}catch(Exception e){System.out.println(e);}
}
}
```

10.6　本　章　练　习

1．在应用程序开发中如何选择使用 ServerSocket 还是 DatagramSocket 来通信？

2．如何得到域名地址 www.xmr100.com 的 IP？

3．如何得到 IP 地址 39.96.47.33 对应的域名？

4．在服务器端，如何确定访问者的 IP 地址？同时，说明在使用 DatagramSocket 和 ServerSocket 通信时获取访问者 IP 地址的方法。

上机任务

使用 Socket 编写一个聊天室程序，同时支持群聊和私聊功能。

第 11 章　Java 数据库编程

本章简介

　　JDBC 是连接数据库和 Java 程序的桥梁，通过 JDBC API 可以方便地实现对各种主流数据库的操作。本章主要讲解如何使用 JDBC 操作数据库（以 MySQL 为例），实现常用的增（create）、查（retrieve）、改（update）、删（delete）功能，即 CRUD，为以后读者的学习打下扎实的基础。

学习任务工单

专业名称		所在班级		级　　班	
课程名称	Java 数据库编程				
工学项目	通过 JDBC 操作数据库实现 CRUD				
所属任务	JDBC 开发步骤				
知识点	了解 JDBC 常用 API 的使用				
技能点	掌握 JDBC API 的常用接口和类，以及 JDBC 开发步骤				
操作标准					
评价标准	S	A	B	C	D
自我评价	级				
温习计划					
作业目标					

教学标准化清单

专业名称		所在班级	级　　班
课程名称	Java 数据库编程	工学项目	通过 JDBC 操作数据库实现 CRUD
教学单元		练习单元	
教学内容	教学时长	练习内容	练习时长
JDBC 概述和 JDBC 常用 API	30 分钟	利用思维导图工具将本节所学的术语及编码方式进行整理	30 分钟
JDBC API 的常用接口和类以及 JDBC 开发步骤	90 分钟	利用思维导图工具将本节所学的术语及编码方式进行整理	60 分钟
通过 JDBC 操作数据库实现 CRUD	120 分钟	利用思维导图工具将本节所学的术语及编码方式进行整理	90 分钟

11.1　JDBC 概述

　　JDBC（Java database connection）提供了一种与平台无关的用于执行 SQL 语句的标准 Java API，可以方便地实现多种关系型数据库的统一操作，它由一组用 Java 编写的类和接口组成。JDBC 工作原理如图 11.1 所示。

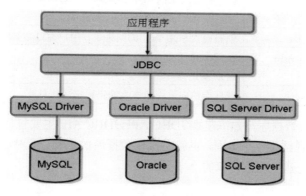

图 11.1　JDBC 工作原理图

　　在实际开发中可以直接使用 JDBC 进行各个数据库的连接与操作，而且可以方便地向数据库中发送各种 SQL 语句。在 JDBC 中提供的是一套标准的接口，这样各个支持 Java 的数据库生产商只要按照此接口提供相应的实现，就可以使用 JDBC 进行操作，极大地体现了 Java 的可移植性。

第一层为 Java 应用程序，它使用 JDBC API 连接和操作数据库，而使用 JDBC API 连接不同的数据库时，需使用不同的 JDBC 驱动程序。

（1）JDBC API：提供了 Java 应用程序与各种不同数据库交互的标准接口，包括 Connection、Statement、PreparedStatement、ResultSet。开发人员使用 JDBC 接口进行各种数据库的操作。

（2）JDBC Driver Manager：能够管理各种不同的 JDBC 驱动。

（3）JDBC 驱动：JDBC 驱动由不同的数据库厂商提供，用于连接不同的数据库。例如，Oracle 公司提供专用于连接 Oracle 的 JDBC 驱动，微软提供专门连接 SQL Server 的 JDBC 驱动。JDBC 驱动又实现了 JDBC API 的各种接口，加载 JDBC 驱动后才可以使用 JDBC API 中的接口操作数据库。

11.2　JDBC 常用 API

JDBC 的核心是为用户提供 Java API 类库，从而帮助用户建立与数据库的连接、执行 SQL 语句、检索结果集等。JDBC 的主要操作类及接口如表 11.1 所示，Java 开发人员可以利用这些类库开发数据库应用程序。

表 11.1　JDBC 的主要操作类及接口

类 及 接 口	功 能 描 述
java.sql.DriverManager	管理 JDBC 驱动程序
java.sql.Driver	定义一个数据库驱动程序的接口
java.sql.Connection	建立特定数据库的连接（会话），建立连接后执行 SQL 语句
java.sql.Statement	用于执行 SQL 语句，并获得语句执行后产生的结果
java.sql.PreparedStatement	创建可以编辑的 SQL 语句对象，该对象可以被多次运行，以提高执行的效率，该接口是 Statement 的子接口
java.sql.ResultSet	创建检索 SQL 语句的结果集，用户通过结果集完成对数据库的访问
java.sql.CallableStatement	执行 SQL 存储过程
java.sql.Types	表示 SQL 类型的常量
java.sql.sqlException	数据库访问过程中产生的错误描述信息

使用 JDBC 操作数据库需熟练掌握 JDBC API。JDBC API 主要包括建立数据库的连接、发送 SQL 语句、处理结果 3 个方面，也就是操作数据库的步骤。而对于数据库进行增、查、改、删等功能，都是建立在数据库的连接上。

11.3　JDBC API 的常用接口和类

（1）Connection 接口常用方法如表 11.2 所示。

表 11.2 Connection 接口常用方法

方 法 名 称	作 用
void close()	立即释放此 Connection 对象的数据库和 JDBC 资源
Statement createStatement()	创建一个 Statement 对象来将 SQL 语句发送到数据库
PreparedStatement preparedStatement(String sql)	创建一个 PreparedStatement 对象来将参数化的 SQL 语句发送到数据库
boolean isClosed()	查询此 Connection 对象是否已经被关闭

（2）Statement 接口常用方法如表 11.3 所示。

表 11.3 Statement 接口常用方法

方 法 名 称	作 用
ResultSet executeQuery(String sql)	可以执行 SQL 查询并获取 ResultSet 对象
int executeUpdate(String sql)	可以执行插入、删除、更新的操作，返回值是执行该操作所影响的行数
boolean execute(String sql)	可以执行任意 SQL 语句。若结果为 ResultSet 对象，则返回 true；若其为更新计数或者不存在任何结果，则返回 false

（3）PreparedStatement 接口常用方法如表 11.4 所示。

表 11.4 PreparedStatement 接口常用方法

方 法 名 称	作 用
boolean exectute()	在此 PreparedStatement 对象中执行 SQL 语句，该语句可以是任何 SQL 语句。如结果是 Result 对象，则返回 true；如结果是更新计数或没有结果，则返回 false
ResultSet executeQuery()	在此 PreparedStatement 对象中执行 SQL 查询，并返回该查询生成的 ResultSet 对象
int executeUpdate()	在此 PreparedStatement 对象中执行 SQL 语句，该语句必须是一个 DML 语句，如 INSERT、UPDATE 或 DELECT 语句；或者是无返回内容的 SQL 语句，如 DDL 语句。返回值是执行该操作所影响的行数
void setInt(int index, int x)	将指定参数设置为给定 Java int 值。设置其他类型参数的方法与此类似，如 setFloat(int index,flost x)、setDouble(int index, double x)、setString(int index, String x)等
void setObject(int index, Object x)	使用给定对象设置指定参数的值

（4）ResultSet 接口常用方法及其作用如表 11.5 所示。

表 11.5 ResultSet 接口常用方法及其作用

方 法 名 称	作 用
boolean next()	将光标从当前位置向下移动一行
ResultSet executeQuery()	在此 PreparedStatement 对象中执行 SQL 查询，并返回该查询生成的 ResultSet 对象

续表

方 法 名 称	作　用
boolean previous()	将光标从当前位置向上移动一行
int getInt(int columnIndex)	以 int 形式获取结果集当前行指定列号的值
int getInt(String columnLabel)	以 int 形式获取结果集当前行指定列名的值
float getFloat(int columnIndex)	以 float 形式获取结果集当前行指定列号的值
float getFloat(String columnLabel)	以 float 形式获取结果集当前行指定列名的值
String getString(int columnIndex)	以 String 形式获取结果集当前行指定列号的值
String getString(String columnLabel)	以 String 形式获取结果集当前行指定列名的值
int getRow()	得到光标当前所指行的行号
boolean absolute(int row)	光标移动到 row 指定的行

11.4　JDBC 开发步骤

JDBC 开发步骤如图 11.2 所示。

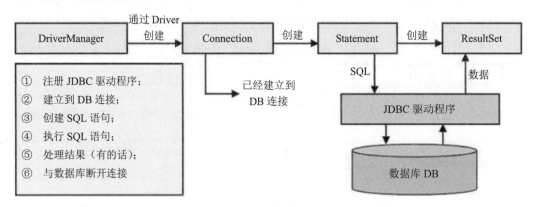

图 11.2　JDBC 开发步骤

（1）注册驱动（仅仅做一次）。

（2）建立连接（Connection）。

（3）创建运行 SQL 的语句（Statement）。

（4）运行语句。

（5）处理运行结果（ResultSet）。

（6）释放资源。

遵循先开后关的原则。关闭顺序：ResultSet、Statement、Connection。

1. 使用 JDBC 第一步：载入驱动

注册驱动有以下 3 种方式。

（1）Class.forName("com.mysql.jdbc.Driver")。推荐这种方式，不会对详细的驱动类产生依赖。

（2）DriverManager.registerDriver(com.mysql.jdbc.Driver)。此方式会对详细的驱动类产生依赖。

（3）System.setProperty("jdbc.drivers", "driver1:driver2")。尽管此方式不会对详细的驱动类产生依赖，但注册不太方便，所以非常少使用。

2．使用 JDBC 第二步：建立连接

Connection 是一个接口类，其功能是与数据库进行连接（会话）。因此，可以通过 Connection 建立连接。

建立 Connection 接口类对象的语句如下。

```
Connection conn = DriverManager.getConnection(url, user, password);
```

（1）URL 的格式要求如下。

```
JDBC:子协议:子名称//主机名:port/数据库名？属性名=属性值&…
```

例如：

```
jdbc:mysql://localhost:3306/test?useUnicode=true&characterEncoding=utf8
```

（2）user 即为登录数据库的 username，如 root。

（3）password 即为登录数据库的密码，为空就填" "。

其中，useUnicode=true&characterEncoding=utf8 指定字符的编码、解码格式。

3．使用 JDBC 第三步：创建运行对象

运行对象 Statement 负责运行 SQL 语句，利用 Connection 对象产生。

```
Statement st = connection.createStatement();
```

Statement 接口类还派生出两个接口类，即 PreparedStatement 和 CallableStatement，这两个接口类对象为我们提供了更加强大的数据访问功能。

（1）PreparedStatement 能够对 SQL 语句进行预编译，这样防止了 SQL 注入，提高了安全性。

```
PreparedStatement ps=connection.prepareStatement("update user set id=? where username=?");
```

SQL 语句中"?"作为通配符，变量值通过参数设入：

```
ps.setObject(1, object);
```

而且预编译结果能够存储在 PreparedStatement 对象中。当多次运行 SQL 语句时能够提高效率。作为 Statement 的子类，PreparedStatement 继承了 Statement 的全部函数。

（2）CallableStatement 接口类继承了 PreparedStatement 类，主要用于运行 SQL 存储过程。

在 JDBC 中运行 SQL 存储过程必须转义。JDBC API 提供了一个 SQL 存储过程的转义语法如下。

```
{call<procedure-name>[<arg1>,<arg2>, ...]}
```

procedure-name：指所要运行的 SQL 存储过程的名字。

[<arg1>,<arg2>, ...]：指相应的 SQL 存储过程所需要的参数。

4．使用 JDBC 第四步：运行 SQL 语句

运行对象 Statement 或 PreparedStatement 提供两个经常使用的方法来运行 SQL 语句。

（1）executeQuery(Stringsql)：该方法用于运行实现查询功能的 SQL 语句。返回类型为 ResultSet（结果集）。例如：

```
ResultSet rs =st.executeQuery(sql);
```

（2）executeUpdate(Stringsql)：该方法用于运行实现增、删、改功能的 SQL 语句，返回类型为 int，即受影响的行数。例如：

```
int flag = st.executeUpdate(sql);
```

5．使用 JDBC 第五步：处理运行结果

ResultSet 对象负责保存 Statement 运行后所产生的查询结果。

结果集 ResultSet 是通过游标来操作的。游标就是一个可控制的、能够指向随意一条记录的指针。

有了这个指针，我们就能轻易地指出我们要对结果集中的哪一条记录进行改动、删除，或者要在哪一条记录之前插入数据。一个结果集对象中仅仅包括一个游标。另外，借助 ResultSetMetaData，可以将数据表的结构信息都查出来。语句形式如下。

```
ResultSetMetaData rsmd= resultSet.getMetaData();
```

6．使用 JDBC 第六步：释放资源

数据库资源不关闭，其占用的内存就不会被释放，徒耗资源，影响系统。关闭顺序如下：ResultSet、Statement、Connection。可以使用 close()方法关闭连接，如 rs.close()。

11.5　通过 JDBC 操作数据库实现 CRUD

要访问数据库，首先要加载数据库驱动，只需加载一次。然后在每次访问数据库时创建一个 Connection 实例，获取数据库连接，获取连接后，执行需要的 SQL 语句。最后完成数据库操作时释放与数据库间的连接。

（1）创建一个 Java 工程，在项目中导入 mysq-connection-java 的 jar 包。方法是在项目中建立 lib 目录，在其下放入 jar 包，如图 11.3 所示。

（2）右击 jar 包并在弹出的快捷菜单中选择 Build Path→Add to Build Path 命令，如图 11.4 所示。

图 11.3　导入 mysq-connection-java 的 jar 包

（3）之后会多出一个 Referenced Libraries，并将 jar 包成功导入其中，如图 11.5 所示。

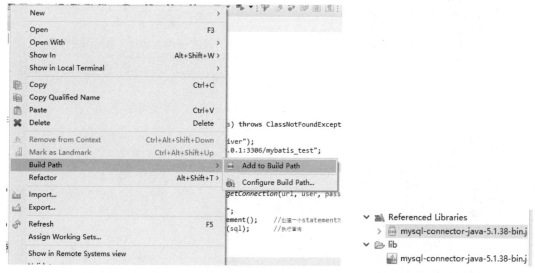

图 11.4　添加当前路径　　　　　　　　　图 11.5　成功导入 jar 包

（4）在软件 navicat 中创建 mysql 数据库并命名为 study，表名为 person，其字段设计如图 11.6 所示。

图 11.6　person 表中字段设置

（5）在 eclipse 软件中创建一个实体类 Person，其代码如下。

```
package com.xmr.entity;
public class Person {
    private int id;
    private String pname;
    private String degree;
    private String jobtime;
    private float money;
    //所有属性都要有 set get 方法，同时有全部参数的、没有 id 参数的和无参的构造方法
    ....
}
```

（6）创建一个对 mysql 数据库操作的工具类 BaseDao，其代码如下。

```
package com.xmr.utils;
import java.sql.Connection;
import java.sql.DriverManager;
import java.sql.PreparedStatement;
import java.sql.ResultSet;
import java.sql.SQLException;
public class BaseDao {
    private Connection con = null;
    private PreparedStatement pre = null;
    private ResultSet rs = null;
    public Connection mysqlConnection() {                //通用的 mysql 数据库连接
        String url ="jdbc:mysql://localhost:3306/study?
useUnicode=true&characterEncoding=utf8";               //mysql 连接地址
        String user = "root", password = "root";        //用户名和密码
        try {
            Class.forName("com.mysql.jdbc.Driver");      //加载 mysql 驱动
            con = DriverManager.getConnection(url, user, password);
    //创建数据库连接
        } catch (Exception e) {
            e.printStackTrace();
        }
        return con;
    }
    //封装查询 SQL 语句
    public ResultSet executeQuery(String sql, Object... parm) throws SQLException {
    //类型未知时用 Object，参数个数未知时用 object...parm 可变参数
        mysqlConnection();                                //连接 mysql
        pre=con.prepareStatement(sql);                   //预编译 SQL
        for(int i=0;i<parm.length;i++){
            pre.setObject((i+1),parm[i]);                //每个占位符都要设置
        }
        rs=pre.executeQuery();                           //执行查询
        return rs;
    }
    //封装除了查询 SQL 语句外，即添加、删除、修改等
    public int executeUpdate(String sql, Object... parm) throws SQLException{
```

```
        int a=0;
        mysqlConnection();                        //连接 mysql
        pre=con.prepareStatement(sql);            //预编译 SQL
        for(int i=0;i<parm.length;i++){
            pre.setObject((i+1),parm[i]);         //每个占位符都要设置
        }
        a=pre.executeUpdate();                    //要执行
        return a;
    }
    public void close(){                          //关闭所有连接
        try {
            if(rs!=null){
                rs.close();
            }
            if(pre!=null){
            pre.close();
            }
            if(con!=null){
                con.close();
                }
        } catch (SQLException e) {
            e.printStackTrace();
        }
    }
}
```

（7）创建一个接口 DaoDb，在接口中创建增、删、改、查方法，其代码如下。

```
package com.xmr.dao;
import java.util.List;
import com.xmr.entity.Person;
public interface DaoDb {
    public void add(Person per);                  //添加
    public void update(Person per);               //修改
    public void del(int id);                      //删除
    public List<Person> findAll();                //查询所有
    public List<Person> findName(String name);    //按姓名模糊查询
}
```

（8）创建一个类 DaoDbImpl 实现接口 DaoDb 中的方法，其代码如下。

```
package com.mr.dao.impl;
import java.sql.ResultSet;
import java.sql.SQLException;
import java.util.ArrayList;
import java.util.List;
import com.xmr.dao.DaoDb;
import com.xmr.entity.Person;
import com.xmr.utils.BaseDao;

public class DaoDbImpl extends BaseDao implements DaoDb {
```

```java
//子类继承父类，可以使用父类中除了 private 外的所有属性和方法
public void add(Person per) {
    String sql = "insert into person values(null,?,?,?,?)";
    try {
        int a = executeUpdate(
                sql,
                new Object[] { per.getPname(), per.getDegree(),
                        per.getJobtime(), per.getMoney() });
        if (a > 0) {
            System.out.println("插入成功！！");
        } else {
            System.out.println("插入失败!!!");
        }
    } catch (SQLException e) {
        e.printStackTrace();
    }
}

public void update(Person per) {
    String sql = "update person set pname=?,degree=?,jobtime=?,money=? where id=?";
    try {
        executeUpdate(sql, new Object[] { per.getPname(), per.getDegree(),
                per.getJobtime(), per.getMoney(), per.getId() });
    } catch (SQLException e) {
        e.printStackTrace();
    }
}

public void del(int id) {
    String sql = "delete from person where id=?";
    try {
        executeUpdate(sql, new Object[] { id });
    } catch (SQLException e) {
        e.printStackTrace();
    }
}

public List<Person> findAll() {
    List<Person> list = new ArrayList<Person>();
    String sql = "select * from person";
    try {
        ResultSet rs = executeQuery(sql, new Object[] {});   //无参数时什么都不写
        while (rs.next()) {
            Person per = new Person(rs.getInt(1), rs.getString(2),
                    rs.getString(3), rs.getString(4), rs.getFloat(5));
            list.add(per);                              //把对象添加进集合
        }
    } catch (SQLException e) {
        e.printStackTrace();
    }
    return list;
```

```
        }

    public List<Person> findName(String name) {
        List<Person> list = new ArrayList<Person>();
        String sql = "select * from person where pname like ?";
        try {
            ResultSet rs = executeQuery(sql, new Object[] { "%" + name + "%" });
                                                                //无参数时什么都不写
            while (rs.next()) {
                Person per = new Person(rs.getInt(1), rs.getString(2),
                        rs.getString(3), rs.getString(4), rs.getFloat(5));
                list.add(per);                                  //把对象添加进集合
            }
        } catch (SQLException e) {
            e.printStackTrace();
        }
        return list;
    }
}
```

（9）创建一个类 Test 测试程序，其代码如下。

```
package com.xmr.test;
import java.text.SimpleDateFormat;
import java.util.List;
import java.util.Scanner;
import com.mr.dao.impl.DaoDbImpl;
import com.xmr.entity.Person;
public class Test {
public static void main(String[] args) {
    DaoDbImpl db = new DaoDbImpl();
    Scanner sc = new Scanner(System.in);
    while(true){
    System.out.println("1 添加 2 修改 3 删除 4 查询 5 查询指定人 0 退出");
      try{
        int num=sc.nextInt();
        switch (num) {
        case 1:
        Person per1=new Person("张良","本科","2009-09-08",9800);
            db.add(per1);
            db.close();                                         //关闭数据库连接
            break;
        case 2:
            Person per2=new Person(1,"韩信","研究生","2009-09-18",13800);
                db.update(per2);db.close();                     //关闭数据库连接
                break;
        case 3:
            db.del(2);db.close();                               //关闭数据库连接 break
        case 4:
            List<Person> findAll = db.findAll();db.close();     //关闭数据库连接
            System.out.println("姓名\t 学历\t 入职时间\t\t 工资");
```

```
            for(Person per:findAll){
                System.out.println(per.getPname() + "\t" + per.getDegree() + "\t" + per.
getJobtime() + "\t" + per.getMoney());
            };db.close();                                    //关闭数据库连接
            break;
        case 5:
            System.out.println("请输入姓名:");
            String name=sc.next();
            List<Person> findName = db.findName(name);
            if(findName.size()>0){
                System.out.println("姓名\t 学历\t 入职时间\t\t 工资");
                for(Person per:findName){
                    System.out.println(per.getPname() + "\t" + per.getDegree() + "\t" + per.
getJobtime() + "\t" + per.getMoney());
                }
            }else{
                System.out.println("查询无此人！！！");
            }
            break;
        case 0:
            System.out.println("bye bye!!!");
            System.exit(0);
            break;
        default:
            System.out.println("输入有误！！！");
            break;
        }
    }catch(Exception e){
        System.out.println("err");
        break;
    }
    }
    }
}
}
```

（10）运行程序实现案例所述功能，程序运行效果如图 11.7 所示。

```
Markers  Properties  Servers  Data Source Explorer  Snippets  Console ✕
<terminated> Test1 [Java Application] C:\Program Files\Java\jre1.8.0_131\bin\javaw.exe (2021年2月
1 添加 2 修改  3 删除 4 查询 5 查询指定人  0 退出
4
姓名       学历       入职时间          工资
韩信       研究生     2009-09-18       13800.0
张良       本科       2009-09-08       9800.0
1 添加 2 修改  3 删除 4 查询 5 查询指定人  0 退出
5
请输入姓名：
信
姓名       学历       入职时间          工资
韩信       研究生     2009-09-18       13800.0
1 添加 2 修改  3 删除 4 查询 5 查询指定人  0 退出
0
bye bye!!!
```

图 11.7　程序运行效果

【思考题】

如果查询的数据较多，如何完善上述代码，实现显示指定页和记录数？

11.6　本章练习

1. PreparedStatement 相比 Statement 的好处？
2. 请简述 Truncate 与 delete 的区别。
3. 请用自己的语言阐述对 JDBC 的理解。
4. 请阐述 JDBC 操作数据库的步骤。

上机任务

编写主类，连接数据库，并完成查询、添加和修改数据。

参 考 文 献

[1] 李兴华. Java 核心技术精讲[M]. 北京：清华大学出版社，2013.

[2] 明日科技. Java 从入门到精通[M]. 5 版. 北京：清华大学出版社，2019.

[3] 关东升. Java 从小白到大牛[M]. 2 版. 北京：清华大学出版社，2021.

[4] 李刚. 疯狂 Java 讲义[M]. 4 版. 北京：清华大学出版社，2018.

[5] 孙昱，胡晓凤，徐园. Java 程序设计[M]. 北京：中国铁道出版社，2020.

[6] 黑马程序员. Java 基础案例教程[M]. 2 版. 北京：人民邮电出版社，2021.

[7] 孙鑫. Java 无难事——详解 Java 编程核心思想与技术[M]. 北京：电子工业出版社，2020.

[8] 王洋. Java 就该这样学[M]. 北京：电子工业出版社，2013.

[9] https://blog.csdn.net/qq_43349162/article/details/108554031.

[10] https://blog.csdn.net/liuyuanq123/article/details/80264583.

[11] https://blog.csdn.net/allenfoxxxxx/article/details/90707505.

[12] https://blog.csdn.net/zhaoyanjun6/article/details/54292148.

附录　部分章节习题参考答案

第1章

1. C　　2. A　　3. A

第2章

1. D　　2. C　　3. C　　4. C　　5. D　　6. A　　7. C　　8. D

9. C　　10. D　　11. C　　12. B　　13. A　　14. B　　15. B　　16. B

第3章

1. public

第4章

1. B　　2. public，static，final

第9章

1. B　　2. A　　3. A　　4. B　　5. B　　6. A　　7. A